JN056819

数学の研究をはじめよう（VI）

# 素数からはじめる 数学研究

飯高 茂 著

現代数学社

# 素数からはじめる数学研究：序文

## 1 はじめに

数学をしているとき，新しい発見をすることほど面白く，心の底からこみ上げてくる喜びを感じることは他にない．本書は読者をしてそのような感動を味わえる道筋を示すことにある．

数学の問題を解くとき，新しい解法で解けたら友人にも先生にも自慢したくなるであろう．しかし，多分それは報われない．在来のやり方を超える解法を作ってもおそらくは歓迎されない．「君は変わったことが好きだね」と言われるのがオチである．

では，新しい定理を発見しその証明を工夫するのはどうだろうか．自分で新しい数学上の概念を考えだしそれをもとにパソコンを使っていろいろ実験し定理らしいモノがみつかったとする．それを様々な工夫の末，証明ができて自分の定理を作れたとしよう．すると自分で自分を褒め，何事にも替えがたい幸福感で包まれるであろう．

私は私学の理学部の教授時代に，数学者になる気はないが数学の好きな多くの学生に「数学研究の真の喜び」を理解させたいと念願した．「自分で新しい定理を発見し証明をつけたら面白いよ」と言うと，「自分ではピタゴラスの定理みたいなのはできそうもないです」などと言っている．

学生と話し合いながら学生の数学的な思考に沿って問題を整理してやると意外にも面白い結果がでてくるのであった．

かくして 20 冊以上の卒業研究論文集ができた．その一部は私のホームページにそのまま載せられている．

　さて,2013 年 3 月末には定年退職になり仕事場を失い，学生と数学の研究をすることは難しくなった．このようになることはあらかじめ分かっていたのでそれなりの手は打った．自分のホームページで

　「2013 年 3 月末日に定年になるので時間ができます．今後，数学および数学教育で助言や講演そのほかなんでもするつもりです．無報酬でかまいません」

　という意味のことを 2013 年を迎える前に書いておいた．

　神田にある書店グランデで「市民のための数学の講座をやってくれないか．」という相談が寄せられた．

　私の専門である代数幾何でたとえば「飯高茂の代数幾何」という題でやってくれればそれを本にして売り出せる，という理系の出版社からの考えも伝えられたのである．

　専門的な数学を分かるように話すと基礎的な講義だけで 2 年はかかる．それを忍耐強く聞くことのできる人は多分いないだろう．

　そこで予備知識は高校数学に限定し，数学の新しい研究を受講者と共にすることを目標に「高校生でも 1 分わかる数学の研究」というテーマで一般の市民を対象に連続講義をすることにした．1 年 12 回（隔週の講義を二か月して二か月休む）することにした．その前から行っていた雑誌『現代数学』に連載中の「数学の研究をはじめよう」を基軸にすれば何とかできるだろうと考えた．

　2014 年 10 月に第 1 回が開かれ 約 30 人の受講者が集まった．最年少は当時小学 1 年の高橋君．高校の現役の先生や退職が近い方，すでに勤めが終えて悠々自適の人も数学の講義を聞きたいと集まった．

　講義を数年継続した結果，雑誌連載と講義をもとに「数学の研究をはじめよう」という単行本のシリーズをはじめることになった．そして 5 年の歳月が流れ本書は 6 冊目でありここに刊行されることとなった．

　ところでシリーズ 6 冊目の本ですともし紹介されたら，前作を一応は読んでいないと分からないだろうと考えることになるに違いない．その結果，巻を追うごとに部数が減ることなるだろう．

　そこで著者のとった方針は既刊の 5 冊を読んでいない人を対象に書くことであった．既刊書と定義や基本結果が重なってもよいことにし，本書だけで内容が理解できるように努めた．

　本講義の目的は市民が数学の研究を行い，新しい発見をして鋭い喜びを味わ
うことにあるので講義は 90 分，残り 30 分は受講者の研究発表の場となった．

　講義の進行に最も貢献したのは小学生であった．彼は小学 1 年でありながら
大人を対象とした講義に抵抗なく出席しノートを取った．またよく手を挙げて
質問した．大人の人はわからなくても質問することは遠慮してしまう．その点
小学生は，質問することに何ら躊躇がないのである．彼のする質問で講義内容
が理解できて救われた大人も多かったことだろう．

図 1　第 2 章 宇宙完全数のシンボルキャラクター，（Jun Iitaka）

## 1.1 各章の概要

　第 1 章 素数のもつ神秘的で美しい性質

　素数のことならよく知っている方は適当にとばして読むスキップ読みをすす
める．

　ここでは素数バンクという素数を構成して素数の銀行にそれを預けて，素数
を貯めることを競うゲームが紹介されている．数学クラブなどで遊んで素数を
楽しんでほしい．

　ここではスーパー双子素数が注目の的になるが, これには小学生参加者高橋洋翔君が大きく貢献している. 彼の論文は 2 編あり第 5 章において紹介される.

　第 2 章 完全数と宇宙完全数

　完全数は数学愛好家, 中学生, 高校生, 小学生にも人気のあるテーマである. 2000 年以上にわたって研究がなされてきたがオイラーの研究を除くと著しい結果は得られていない. 一般の方が完全数の研究をしても実りある成果は期待できない.

　そこで完全数をもとにそれより数多の解のある完全数の超大型化を考えて宇宙完全数 (space perfect numbers) を導入した. 簡単な場合は ネットの数列大辞典の中で紹介されているが, 研究の対象として目立つ存在とはいえない.

　宇宙完全数の宣伝のためにはユルキャラを作るのも一案であるが, ここではイラスト作家に依頼して強烈なまでの存在感のあるイラストを書いてもらった. 宇宙完全数には B 型, A 型 (エイリアン解), および マイナー解, メジャー解の 3 種類がある. これらが 3 個の口から吐き出されるのがイラストの趣旨である.

　第 3 章 スーパー完全数と GA 型

　スーパー完全数はインドの数学者 Suryanaryana によって定義された (1969年) がここではその平行移動を考えた. これによって豊潤な数の広がりを見ることができる.

　平行移動 1 のスーパー完全数には 4 個の典型例があり, その構成要素はフェルマー素数と超フェルマー素数である. この著しい結果はもう一人の小学生 (当時 5 年生) の梶田光君の貢献によって得られた.

　第 4 章 ウルトラ完全数とメルセンヌ完全数

　ウルトラ完全数は高橋君の創意に影響されてできた概念である. ここからウルトラオイラー完全数が生まれ, ウルトラ三つ子素数が出てくる.

　面白いことに平行移動 3 のメルセンヌ完全数合流型の素因数分解がある種の怪獣を連想させる.

　第 5 章　スーパー完全数とスーパー双子素数

　飯高 茂と高橋洋翔 (池之上小学校) の 共著 として同名の論文があり　第 16回代数曲線論シンポジウム報告集 於神奈川工科大学 (2018/12/15) に掲載さ

**図2** 第4章 メルセンヌ完全数合流型のシンボルキャラクター,（Jun Iitaka）

れた.

1 「スーパー双子素数とウルトラ三つ子素数」 高橋洋翔

2 「スーパー双子素数とウルトラ三つ子素数の分布の予想」 高橋洋翔

第6章 高校生の定義した桐山の完全数, その衝撃（雑誌『現代数学』 2017年5月号）

第7章 フェルマ完全数とは何か（雑誌『現代数学』2016年7月号）

第8章 参加者の研究を載せた.

1. 高橋君からのチャレンジ問題 解答案　　浜田忠久
2. 不等式 $\sigma(a)+\varphi(a) \geq 2a$ の研究　土屋　知人
3. 2変数完全数問題　　髙嶋 耕司
4. 新種のスーパーオイラー完全数について　宮本憲一
5. 平行移動 $m$ のスーパー完全数で $m$ が6の倍数のときについて　菊地能乃（広尾学園）
6. 双子素数予想とスーパー双子素数予想 および チャレンジ問題　　梶田光（あざみ野第一小学校）

2019年3月に公開研究発表会を開いた. 数学研究のアマチュアたちが嬉々

として自分の研究を発表した. これは一般向けの数学の講義ではあまり類をみ
ない快挙であるということができる.

　小学生 梶田光　は読者にチャレンジ問題を提出した. 解答ができたら次の
アドレスに mail して解答を添付してください.

iitakashigeru1942@gmail.com
　（著者のアドレス）

http://iitakashigeru.math-academy.net
　（著者のホームページ）

　本書の大いなる特色は, 二人の小学生, 高橋洋翔君と梶田光君が数学者とし
て活躍している様を見ることができることにある.

　喜ばしいことに 2019 年 7 月, 2 人は孫正義育英財団の 3 期生に選ばれた. 本
書を紐解けばこれが偶然ではなく必然であることに多くの人が賛成するであろ
う. 一方, 喜寿を超えた数学者である私は若い人に励まされた結果, 数学道に精
進する気持ちを強く持つようになった. 教授を退職した結果数学のため十分な
時間が取れるようになり, 数学に没頭する毎日である. これに勝る幸いはない
とひそかに思う次第である.

2019 年 8 月 9 日

放送大学　東京多摩学習センター にて

　　　　　　　　　　　　　　　　　　　　　　　　飯高 茂

# 目次

# 第1章

# 素数のもつ神秘的で美しい性質

## 1 素数は面白い

　2019 年 2 月 24 日に『数学の中の文学』と題して, 放送大学の東京多摩学習センターにおいて一般向けの講演を行った. それは 3 部に分かれていたがその最後にスーパー双子素数の研究にふれることになった.

　この研究は著者と小学 5 年生（高橋洋翔,2019 年当時）との数学の共同研究の成果であり, 一般の方はいかになんでも小学生の数学なら少しは分かるだろう, と期待を寄せているようだった.

　講演の実施まで日数があったので講演を聞きにいく予定だ, という人々に対して「どんな内容を期待していますか,」と尋ね, リサーチしてみた. その結果「素数から説明してほしい, 当然それからやってほしい」との要望が多かった. そこで素数の定義から始めたのである.

　本書でも素数の定義から始めよう.

### 1.1 素数の定義とその起源

　素数は数を分解するとき, これ以上分解できないものをいう.

　たとえば $6 = 2 \times 3$ と分解するので 6 は素数ではない. $4 = 2 \times 2$ なので,2 は素数だが 4 は素数ではないので合成数という. $2 \times 2 = 2^2$ という記法もありこれを 2 の累乗, または 2 のべきという.

　1 も分解できないが素数にはいれないことになっている. 従って, 自然数は 1, 素数, 合成数の 3 種類あることになる.

　古代ギリシャの哲学者は万物の根源を求めてアトムの概念に至った. 近代の
科学では, 水素, ヘリュームから始まる元素の概念が確立し, その結果 200 個以
下の元素が存在することがわった.

　素数を最初に考えたのは紀元前 6 世紀のギリシャの哲学者 ターレスである
という. 古代ギリシャの人は素数を探求しているうちに素数は無限に存在する
ことを証明するに至った.

　万物の構成要素である元素が高々 200 個というのと大違いである. 素数が無
限にあることが分かった時彼らは驚くほどの衝撃を受けたに違いない.

表 1.1　自然数とその素因数分解

| 自然数 | 素因数分解 | 自然数 | 素因数分解 |
|---|---|---|---|
| 2 | 2 | 30 | $2*3*5$ |
| 3 | 3 | 31 | 31 |
| 4 | $2^2$ | 32 | $2^5$ |
| 5 | 5 | 33 | $3*11$ |
| 6 | $2*3$ | 34 | $2*17$ |
| 7 | 7 | 35 | $5*7$ |
| 8 | $2^3$ | 36 | $2^2*3^2$ |
| 9 | $3^2$ | 37 | 37 |
| 10 | $2*5$ | 38 | $2*19$ |
| 11 | 11 | 39 | $3*13$ |
| 12 | $2^2*3$ | 40 | $2^3*5$ |
| 13 | 13 | 41 | 41 |
| 14 | $2*7$ | 42 | $2*3*7$ |
| 15 | $3*5$ | 43 | 43 |
| 16 | $2^4$ | 44 | $2^2*11$ |
| 17 | 17 | 45 | $3^2*5$ |
| 18 | $2*3^2$ | 46 | $2*23$ |
| 19 | 19 | 47 | 47 |
| 20 | $2^2*5$ | 48 | $2^4*3$ |
| 21 | $3*7$ | 49 | $7^2$ |
| 22 | $2*11$ | 50 | $2*5^2$ |
| 23 | 23 | 51 | $3*17$ |
| 24 | $2^3*3$ | 52 | $2^2*13$ |
| 25 | $5^2$ | 53 | 53 |
| 26 | $2*13$ | 54 | $2*3^3$ |
| 27 | $3^3$ | 55 | $5*11$ |
| 28 | $2^2*7$ | 56 | $2^3*7$ |
| 29 | 29 | 57 | $3*19$ |
| 30 | $2*3*5$ | 58 | $2*29$ |
| 31 | 31 | 59 | 59 |
| 32 | $2^5$ | 60 | $2^2*3*5$ |

　この表で素因数分解の欄に数がそのままあればそれは素数になる．例えば，
2,3,5,7,11 は素数であり英語では primes という．

## 2 素数の表

　次の表では左側の第一列に素数を並べている．

　素数列に対して，$p$ とその前の素数 $q$ について差 $p-q$ を表示した．

　始めは $1(=3-2)$ だが 前との差が $2$ となることが結構多い．

　$p-q=2$ なら $p=2+q$ となるので $(p,q=p+2)$ を素数対とみてこれを双子素数（twin primes）という．

　双子素数は数多く存在するという現象はきわめて興味深く，おそらくは古代ギリシャの時代にも注目されたと思われるが近世になって Alphonse de Polignac が 1849 年にこのような素数の対は無限にあるだろうとの予想を述べた．しかし現代でも双子素数が無限にあるという予想を証明することができていない．

表 1.2　自然数とその素因数分解（o は素数, x は合成数）その 1

| 素数列 $p$ | 階差 | 双子素数 | いとこ素数 | セクシー素数 | スーパー |
|---|---|---|---|---|---|
| 2 | | $p-2$ | $p-4$ | $p-6$ | $3p+10$ |
| 3 | 1 | x | x | x | 19 |
| 5 | 2 | 3 | x | x | |
| 7 | 2 | 5 | x | x | 31 |
| 11 | 4 | x | o | x | 43 |
| 13 | 2 | 11 | x | x | |
| 17 | 4 | x | o | x | 61 |
| 19 | 2 | 17 | x | x | 67 |
| 23 | 4 | x | o | x | 79 |
| 29 | 6 | x | x | o | 97 |
| 31 | 2 | 29 | x | x | 103 |
| 37 | 6 | x | x | o | 121 |
| 41 | 4 | x | o | x | 133 |
| 43 | 2 | 41 | x | x | 139 |
| 47 | 4 | x | o | x | 151 |
| 53 | 6 | x | x | o | 169 |
| 59 | 6 | x | x | o | 187 |

$p-4$ と $p$ がともに素数になるとき, いとこ（従兄弟）素数という. たとえば $p=11$ とすると 7,11 がいとこ素数.

表1.3 自然数とその素因数分解（o は素数, x は合成数）その2

| 素数列 $p$ | 前との差 | 双子素数 | いとこ素数 | セクシー素数 | スーパー |
|---|---|---|---|---|---|
| 2 | | $p-2$ | $p-4$ | $p-6$ | $3p+10$ |
| 61 | 2 | o | x | x | 193 |
| 67 | 6 | x | x | o | 211 |
| 71 | 4 | x | o | x | 223 |
| 73 | 2 | o | x | x | 229 |
| 79 | 6 | x | x | o | 247 |
| 83 | 4 | x | o | x | 259 |
| 89 | 6 | x | x | o | 277 |
| 97 | 8 | x | x | x | 301 |
| 101 | 4 | x | o | x | 313 |
| 103 | 2 | o | x | x | 319 |
| 107 | 4 | x | o | x | 331 |
| 109 | 2 | o | x | x | 337 |
| 113 | 4 | x | o | x | 349 |
| 127 | 14 | x | x | x | 391 |
| 131 | 4 | x | o | x | 403 |

同様にして, $(p, q = p+6)$ がともに素数の時, セクシー素数（sexy primes）と呼ぶ.

一般に偶数 $d$ を固定して $(p, q = p+d)$ がともに素数となる組 $(p, q)$ は無限にあると想像されるが証明はできていない.

$3p+10$ の場合は高橋洋翔が詳しく調べている. $p=3$ とすると $3p+10 = 19$ となりこれも素数. $p=5$ とすると $3p+10 = 25$ は素数ではないが $p = 7, 11$ とすると $3p+10$ は素数になる.

$3p+10$ が素数でないものは除くべきだが, あえて残している. 読者は上の表において自分で $3p+10$ が素数になる素数 $p$ を探して丸でかこんでほしい. $p, 3p+10$ が両者とも素数になる場合は意外に多いことがわかるであろう.

# 3　スーパー双子素数

　2018 年 3 月 8 日（木）に東京は神田にある書店 『書泉グランデ』で，飯高著『完全数の新しい世界』の出版記念会が開催された. そのとき私が出席者に出した問題は次の 2 つであった.

　与えられた 整数 $(a > 0, b)$ に対して，$p = aq + b$ とおくとき $p, q$ がともに奇素数なら $(p, q)$ を $a, b$ に関しての 超（スーパー）双子素数という.

1. 超双子素数が無限にある $a, b$ はどんな条件を満たすか
2. 超双子素数が有限個の $a, b$ は存在するか
3. 与えられた $(a > 0, b)$ に対して超双子素数を無限に生成する方程式（$\sigma(a), \varphi(a)$ を用いてよい）を作れ

　与えられた整数 $(a > 0, b, c > 0, d)$ に対して $p = aq + b, r = cq + d$ とおくとき $p, q, r$ がともに素数なら $(p, q, r)$ を $a, b, c, d$ に関してのウルトラ 3 つ子素数という. ただし $(a = c, b = d)$ を除く.

- ウルトラ 3 つ子素数が無限にある $a, b, c, d$ はどんな条件を満たすか
- ウルトラ 3 つ子素数が有限個の $a, b, c, d$ は存在するか
- 与えられた $(a, b, c, d)$ に対して超双子素数を無限に生成する方程式（$\sigma(a), \varphi(a)$ を用いてよい）を作れ

　高橋洋翔は数日後次の解答を寄せた.（詳しい解答は第 5 章にある高橋洋翔「スーパー双子素数とウルトラ三つ子素数」）

　1.1 (i) $a + b \equiv 1 \mod 2$, (ii) $a, b$ は互いに素 , の 2 条件を満たせばよいだろう.
　2.1 (i) $a + b \equiv 1 \mod 2$, (ii) $a, b$ は互いに素, (iii) $c + d \equiv 1 \mod 2$, $(iv)$ $c, d$ は互いに素. ただし $b \not\equiv 0 \mod 3$：（水谷一による修正）

　水谷一さんはウルトラ三つ子素数の除外条件をより精密にすることを提案した

**注意 水谷一, 除外条件の精密化.**

$ac \equiv -bd \not\equiv 0 \bmod 3$ を満たすときウルトラ三つ子素数は有限個 (ただ 1 つ).

　以前から双子素数の問題 (無限にあるという予想) に関心のあった高橋君はこれらの条件を満たすときスーパー双子素数やウルトラ三つ子素数は無限にあるのではないか, という予想を述べた.

　2018 年 8 月 2 日に東京お台場の TFT ホールで開かれた日本数学教育学会 100 周年記念企画において 高校生による数学の研究発表会があり当時小学 5 年生の高橋君はこの予想をポスター発表の形をとって一般向けに発表した. 彼は聞き手がある程度集まると, スーパー双子素数について説明をしそれは 4 回に及んだ.

　スーパー双子素数を生成するプログラム を $\sigma(a)$ またはオイラー関数 $\varphi(a)$ を使って作って下さい, という問題も出してあったがこの問題にも高橋君は鮮やかな解答を出した.

　この原稿を書くにあたって私は彼の解答を参照せず, 彼の考えの基本を念頭において数式処理の 1 つである maxima を使ったプログラムを次のように書いた. [1]

- $q, p = aq + b$ が素数になればいい. このことに注意を向ける.
- $\sigma(a)$ を用いるとこれらが素数になる条件は $\sigma(p) = p+1, \sigma(q) = q+1$.
- $\sigma(p) = p+1 = aq+b+1 = a(\sigma(q)-1)+b+1 = a\sigma(q)+b-a+1$ となる.
- $q$ を自然数とするとき, $p = aq+b$ とおき, $\sigma(p) = a\sigma(q)+b-a+1$ を条件式とすればよい.

数式処理ソフト maxima のプログラムを次に載せる. ただし, 文字が入れ替

---

[1] 実は試行錯誤の結果やっとできた.

わり, $a$ が変数で, $k,l$ が定数. $a, p = ka + l$ が素数になり, $a$ が動く範囲は $N$ から $M$ までとなっている.

```
super_twin_primes(k,l,N,M):= for a:N thru M
    do(A:k*a+l,w:divsum(A)-k*divsum(a)+k-l-1,
    if w=0 then print(a,"tab",A) else 1=1 );

super_twin_primes(4,1,3,100)
```

として結果表示する.

```
3" ""tab"" "13" "
7" ""tab"" "29" "
13" ""tab"" "53" "
37" ""tab"" "149" "
43" ""tab"" "173" "
67" ""tab"" "269" "
73" ""tab"" "293" "
79" ""tab"" "317" "
97" ""tab"" "389" "
```

与えられた定数 $k,l,m,n$ に対し, $q, p = kq+l, r = mq+n$ がすべて素数の場合をウルトラ三つ子素数という. これを生成するプログラムも簡単にできる.

```
ultra_triplet(k,l,m,n,N,M):= for a:N thru M
    do(A:k*a+l,
        B:m*a+n,
        w:divsum(A)+divsum(B)-k*divsum(a) +k-l-1-m*divsum(a)
        +m-n-1,
    if w=0 then (print(a,"tab",A,"tab",B) )else 1=1 );
```

スーパー双子素数が無限に存在することの証明はできていないが, 高橋は

スーパー双子素数の確率論的な個数の評価式を与えとくに $(p, q = 3p + 10)$ について詳しく研究した.（第 5 章にある高橋洋翔「スーパー双子素数とウルトラ三つ子素数の分布の予想」）.

# 4　素数バンク

　素数は無限にあることを中学生に実感して貰うために仮想的に素数バンクを作りそこに素数を蓄えるというゲームを考えた.

　都内のある中学で 3 年生にやってもらったところ生徒は素数発見に感動し大きな盛り上がりをみせた.

　そのことを思い出しながら仮想的な教室で素数バンクをネタにした（仮想的）授業をしてみよう.


　先生: ここに素数バンクがあります. しかし目には見えません. 頭の中に銀行をイメージしてください.

　最初に 皆さんは自分たちで素数バンクに自分の名義の口座を開いてください.

　口座のことを英語でアカウントといいます. だから素数バンクに各自でアカウント（口座）を開くことになります.

　その方法は自分で好きな素数を 1 つ決めてそれを素数バンクの自分の口座に入れます.

　生徒: 私は最初に 7 を入れます.

　先生: 次に自分の口座の素数を増やしましょう.

　自分の口座にある素数をすべて掛けてできた数に 1 を足します. そしてできた数を素因数分解して出てきた素因子である素数を自分の口座に入れることができます. これを A 方式の預金といいます.

　生徒: 私は 7 しかないので, $7 + 1 = 8 = 2^3$ になります. 素数の 2 が自分の口座に入ります. 私の口座は $\{2, 7\}$ になりました.

　先生: やり方がわかったらどんどん計算して自分の口座にある素数を増やしましょう.

A 方式以外に B 方式もあります．これは自分の口座の素数をすべて掛けて 1 を引きます．（最初の口座に 2 を持っているだけの場合は使えません）

生徒: 私の口座は {2,7}. A 方式なら，2 * 7 + 1 = 15 = 3 * 5. だから，私の口座は {2,3,5,7} になりました．

B 方式なら，2 * 7 − 1 = 13. だから，私の口座は {2,3,13}.

先生:A 方式,B 方式を何回使ってもいいので，10 回計算して素数がをいくら貯まったかを発表してください．

自分の口座の素数をすべてかけて 1 を加えてから素因数分解して出てくる素数は自分の口座にあった素数とは異なる新顔の素数ばかりです．素数が増えてくると多くの素数を掛けることになり数が大きくなって素因数分解が大変になります．

素因数分解が大変になったら先生に言ってください．アプリで計算して素因数分解の結果を教えます．

先生: 実は C 方式というのもあります．

自分の口座にある素数をすべて掛けるのではなく，口座にあるいくつかの素数を選んでそれらを掛けてできた数に 1 を足したり引いたりしてできた数を素因数分解してできた素数を口座にいれます．これが C 方式．

C 方式だとすでに口座にある素数が出てくることもあります．そのときはやり直してください．

A 方式,B 方式では素因数分解すると出てくる素数は新しいものばかりです．

これを繰り返せば素数が無限にあることがわかりますね．

A 方式,B 方式では素因数分解すると出てくる素数は新しいものばかりなのはなぜでしょう？

少しずるいのですが，プログラム（swi-prolog）を用いて素数バンクをしてみました．

ここで 述語 factorize(B,S) を使うと B を素因数分解して結果を S にリストとして表示してくれます．

例えば factorize(B,S) において，B=8 とすると，S = [2, 2, 2] となりこれは $2^3$ の意味です．

最初は 7 が口座にあるので $B = \{7\}$ と表現します．

1 ?-  B is 7+1,factorize(B,S).　　　　　　　（A 方式）

B = 8,

S = [2, 2, 2].　　　　　　　　　　2 が口座に入りました．B={7,2}

2 ?- B is 7*2+1,factorize(B,S).（A 方式）

B = 15,

S = [3, 5].　　　　　　　　　3,5 が 口 座 に 入 り ま し た．B={7,2,3,5}

3 ?- B is 7*2*3*5-1,factorize(B,S).　　（B 方式）

B = 209,

S = [11, 19].　　　　　　　　11,19 が 口 座 に 入 り ま し た．B={7,2,3,5,11,19}

4 ?- B is 7*2*3*5*11*19-1,factorize(B,S).　　（D 方式）

B = 43889,

S = [43889].　　　　　　　　43889 が 口 座 に 入 り ま し た．B={7,2,3,5,11,19,43889}

5 ?- B is 7*2*3*5*11*19+1,factorize(B,S). できた素数が大きいので（A 方式）でやり直し．

B = 43891,　　　　　　　　43891 が 口 座 に 入 り ま し た．B={7,2,3,5,11,19,43891}

S = [43891].

6 ?- B is 7*2*3*5*11*19*43891-1,factorize(B,S).　　（B 方式）

B = 1926375989,

S = [1926375989]. 1926375989 が口座に入りました．B={7,2,3,5,11,19,43891,1926375989}．　大きすぎるのでやり直し．

```
7 ?- B is 7*2*3*5*11*19*43891+1,factorize(B,S). (B 方式)
B = 1926375991,
S = [31, 1321, 47041].    31, 1321, 47041 が口座に入りました.
B={7,2,3,5,11,19,43891,31, 1321} 47041 を捨てました.


8 ?- B is 7*2*3*5*11*19*43891*31*1321+1,factorize(B,S). (A 方
式)
B = 78887023166491,
S = [307, 256960987513].


9 ?- B is 7*2*3*5*11*19*43891*31*1321*307+1,factorize(B,S).
B = 242183161112112431,
S = [41, 193, 2663, 12241, 93889].    41, 193 だけ口座に入れまし
た.
        B={7,2,3,5,11,19,43891,31, 1321,307,41, 193}
```

以上によって素数が 12 個できた.


# 5  A 型と B 型の素数

先生:素数バンクでは新しいポイントサービスを始めました.

4 で割って 1 余る素数を A 型.4 で割ると 3 余る素数を B 型 ということに
します.

素数バンクでは口座に B 型素数をもった場合は B 型素数の個数だけポイン
トを付けることにしました.

B 型素数をできるだけ沢山作るには次の D 方式を使えばよい.

素数バンクの口座にある素数の積に 4 を掛けてから 1 を引く.

素数バンクの口座には 7 があったとして始める.

```
2 ?- B is 7*4-1,factorize(B,S).
B = 27,
```

S = [3, 3, 3].

D 方式でえられた 3 は B 型.

3 ?- B is 7*4*3-1,factorize(B,S).
B = 83,
S = [83].

　D 方式でえられた 83 は B 型.

4 ?- B is 7*4*3*83-1,factorize(B,S).
B = 6971,
S = [6971].

5 ?- B is 7*4*3*83*6971-1,factorize(B,S).
B = 48601811,
S = [61, 796751].

　61, 796751 が得られたが 61 は A 型. 796751 は B 型.

10 ?- B is 7*4*3*83*6971*796751-1,factorize(B,S).
B = 38723542312811,
S = [5591, 6926049421].

　$(5591+1)/4 = 1398$: 整数なので 5591 は B 型.
　$(6926049421+1)/4 = 17315123555.5$ は非整数なので 6926049421 は A 型.
　このようにして B 型 素数だけが順調に集まりポイントがたまった.

　この過程で素因数分解するとき, 素因子が 1 つなら B 型. 素因子が 2 つなら A 型 と B 型. もっと多くともそのうちどれかは B 型.

　このようにしてポイントのつく B 型素数は必ずあるので, B 型素数は無限にあることが証明できる.

## 5.1 A 型素数と B 型素数

表 1.4　A 型素数と B 型素数

| $n$ | A 型 $4n+1$ | 素因数分解 | B 型 $4n+3$ | 素因数分解 |
|---|---|---|---|---|
| 2 | 9 | $3^2$ | 11 | 11 |
| 3 | 13 | 13 | 15 | $3*5$ |
| 4 | 17 | 17 | 19 | 19 |
| 5 | 21 | $3*7$ | 23 | 23 |
| 7 | 29 | 29 | 31 | 31 |
| 9 | 37 | 37 | 39 | $3*13$ |
| 10 | 41 | 41 | 43 | 43 |
| 11 | 45 | $3^2*5$ | 47 | 47 |
| 13 | 53 | 53 | 55 | $5*11$ |
| 14 | 57 | $3*19$ | 59 | 59 |
| 15 | 61 | 61 | 63 | $3^2*7$ |
| 16 | 65 | $5*13$ | 67 | 67 |
| 17 | 69 | $3*23$ | 71 | 71 |
| 18 | 73 | 73 | 75 | $3*5^2$ |
| 19 | 77 | $7*11$ | 79 | 79 |
| 20 | 81 | $3^4$ | 83 | 83 |
| 22 | 89 | 89 | 91 | $7*13$ |
| 24 | 97 | 97 | 99 | $3^2*11$ |
| 25 | 101 | 101 | 103 | 103 |
| 26 | 105 | $3*5*7$ | 107 | 107 |
| 27 | 109 | 109 | 111 | $3*37$ |
| 28 | 113 | 113 | 115 | $5*23$ |

　実際, A 型素数と B 型素数構成してみるとほぼ同じ程度あり, A 型素数も無限にあることが想像される.

このことはガウスの弟子である ディリクレ (Dirichlet) により複素関数を用いた解析的方法で証明された.

ここでは $p = an + b$:素数, $n \leq 100000$ の素数の個数を調べた.

表 1.5 $p = an + b$:素数, $n \leq 100000$ の素数の個数

| $a$ | $b$ | 素数の個数 |
|---|---|---|
| 4 | $-1$ | 16959 |
| 4 | 1 | 16900 |
| 4 | 3 | 16958 |
| 3 | 1 | 12970 |
| 3 | 2 | 13025 |
| 3 | 10 | 12970 |

表 1.6 $q, p = aq + b$:両者は素数, $q \leq 100000$

| $a$ | $b$ | 最大素数 | 超双子素数の個数 |
|---|---|---|---|
| 4 | 3 | 400003 | 2172 |
| 4 | 1 | 400001 | 1057 |
| 4 | $-1$ | 399999 | 1102 |
| 3 | 2 | 300002 | 2254 |
| 3 | 4 | 300004 | 2248 |
| 3 | 8 | 300008 | 2243 |
| 3 | 10 | 300010 | 2941 |

この表から超双子素数の個数は Dirichlet の定理の示す個数の評価と全く異なることがわかた. これは宮本憲一による指摘.

表 1.7　$p = aq + b$ 超双子素数の個数

| $a$ | $b$ | 素数の個数 | 超双子素数の個数 |
|---|---|---|---|
| 4 | 1 | 22044 | 2304 |
| 4 | 3 | 22044 | 4620 |
| 4 | −1 | 22044 | 2310 |
| 3 | 2 | 28404 | 5980 |
| 3 | 4 | 28404 | 5977 |
| 3 | 8 | 28404 | 6004 |
| 3 | 10 | 28404 | 7857 |
| 3 | −2 | 28404 | 5914 |

　$p = aq + b(q \leq 100000)$ と書けるスーパー双子素数の個数は, $a$ だけでは概略の値も決まらない.

　$p = 4q + 1$ と書けるスーパー双子素数の個数は 2304. $p = 4q + 3$ と書けるスーパー双子素数の個数は 4620 でほぼ倍. $p = 4q - 1$ と書けるスーパー双子素数の個数は 2310 で, $p = 4q + 1$ と書ける場合とほぼ同じ.

# 第2章

# 完全数と宇宙完全数

## 1 高校生のための完全数入門

6の約数は, 1,2,3（6を除外する）でこれらを足すと, $1+2+3=6$. そして 6 が現れる.

6の約数に 6 を入れる方が普通であり. これらを足すと, $1+2+3+6=12$. これを2で割ると $12/2=6$ となり 6 が現れる.

約数 1,2,3 は乗法で規定されそれらを加法によりすべて加えると 6 が復元する. これは不思議な性質で 6 の持つ完全性を表していると古代の人々は考えたようだ. 最近のことになるが IUT（Inter Universe Teichmueller）理論を提案して数学の世界に大いなる変革をもたらそうとする望月教授は加法と乗法の 2 元構造について革新的な観方を提案している. このことはユークリッド等の古の数学者が数学の本質を自然と認識していたということかもしれない.

自然数 $a$ に対し自身以外の約数を足すと $a$ になるとき $a$ を完全数と言い, 完全数を数多く見いだすことに古今の数学者は多くの精力を傾けた.

その結果, 6 の他に 完全数として 28,496,8128 が紀元前に発見された. しかもこれらの完全数は $p=2^{e+1}-1$ となる素数 $p$ によって $2^e p$ と表せることがわかり, さらにこの形の素因数分解を持つ数は完全数になることが BC 3 世紀のユークリッドによる数学原論（ストイケイア）に書かれている.

自然数 $a$ に対しその約数の和を $\sigma(a)$ と書き, これを関数と見てユークリッド関数という.

$a = 2^e$ とおく. $q = \sigma(a) = 2^{e+1} - 1$ を素数と仮定すると, $\alpha = aq$ は完全数になる.

すでに述べたようにこれは原論の最後に書かれた数学である. そこで, この形の完全数をユークリッドの完全数と呼ぶ.

この事を証明するには, 素因数分解の一意性, 等比数列の和の公式, ユークリッド関数の乗法性などが必要である. 紀元前の頃このような結果が得られていたことは驚愕的なことであり, 尊敬に値する.

実際 $\sigma(a) = 2^{e+1} - 1$ を素数としてこれを $p$ とおき, $\alpha = ap$ と書くと

$$\sigma(\alpha) = \sigma(a)\sigma(p) = p(p+1) = p(2^{e+1}) = 2p2^e = 2\alpha.$$

よって, $\sigma(\alpha) = 2\alpha$. これによると次の結果を得る.

**命題 1**（ユークリッド）. $a = 2^e$ に対して $p = \sigma(a) = 2^{e+1} - 1$ が素数のとき $\alpha = ap$ とおくと $\sigma(\alpha) = 2\alpha$ を満たす. ゆえに $\alpha$ は完全数.

4 世紀の人, ヤンブリコスはこの逆, すなわち完全数はユークリッドの完全数に限るのではないか, と考えた.

18 世紀になって, オイラーは偶数の完全数はユークリッドの完全数になることの証明に成功した.

2019 年現在 51 個もの完全数が発見されているが奇数の完全数は見つかっていない. それゆえ奇数完全数は存在しないだろうと想像されているが, 証明はできていない.

この問題はユークリッドが 2300 年後の数学者に出した数学界最高の難問であり, 現在でも解決の見通しすらたっていない.

私は 70 歳をもって定年退職の後, 高校生の数学研究に助言をすることを要請された. そのため, 数学研究の材料を探し完全数のいろいろな変種を考えていた.

たとえば 8 の約数は 1,2,4, 8 であり 8 以外の約数を足すと $1+2+4 = 7$ となる. 8 にならないので完全性に少し足りない.

一般に 2 べき $(a = 2^e)$ について自分以外の以外の約数の和は $\sigma(a)$ は

$2^{e+1} - 1$ となる. すなわち $\sigma(a) - 2a = -1$ を満たす.

これを満たす数 $a$ は完全数になるには 1 だけ及ばないのでとても残念だという思いをこめて, 概完全数 (almost perfect numbers) というのである.

概完全数は 2 のべきになるかという問題も未解決の難問である.

次にオイラー (1707–1783) の時代にまで知られていた完全数を紹介する.

表 2.1 完全数

| 完全数 $a$ | 素因数分解 $(2^e p)$ |
|:---:|:---:|
| 6 | $2 * 3$ |
| 28 | $2^2 * 7$ |
| 496 | $2^4 * 31$ |
| 8128 | $2^6 * 127$ |
| 33550336 | $2^{12} * 8191$ |
| 8589869056 | $2^{16} * 131071$ |
| 137438691328 | $2^{18} * 524287$ |
| 2305843008139952128 | $2^{30} * 2147483647$ |
| $- - -$ | ( By L.Euler 1707–1783 ) |

次のことは古代ギリシャ人も注目した重要な結果である.

- 完全数 $a$ の末尾の数は 6,8.
- $a = 2^e p$ の奇数素因子 $p$ の末尾の数は最初を除くと, 1,7.

意欲ある高校生はこれらを証明してみよう.

## 2  完全数の平行移動

概完全数の定義 $\sigma(a) - 2a = -1$ に類似した式 $\sigma(a) - 2a = 1$ を満たす $a$ は 2019 年現在, 発見されていない. もしこのような数があれば pseudo perfect numbers と呼ぶことにしてあるそうだ.

　一方, $\sigma(a) - 2a = -2$ や $\sigma(a) - 2a = -4$ を満たす $a$ を調べてみたら案外例が多い.

　これらの解の素因数分解をすると $2^e q, (q:$ 奇素数$)$ の例が多くある. そこでこのような素因分解を持つ解を A 型解と呼ぶことにした.

　さらに一般化して, 整数 $m$ に対して $\sigma(a) - 2a = -m$ を満たす $a$ を調べてみることにしこれを平行移動 $m$ の完全数と呼ぶことにした.

　完全数の平行移動は思ったより筋の良い問題でこれをきっかけに完全数研究が大きく進展してきた.

表2.2　平行移動 $m$ の完全数

| $a$ | 素因数分解 | 解の型 |
|---|---|---|
| $m = 1$ | | |
| 2 | 2 | C 型解 |
| 4 | $2^2$ | C 型解 |
| 8 | $2^3$ | C 型解 |
| 16 | $2^4$ | C 型解 |
| 32 | $2^5$ | C 型解 |
| 64 | $2^6$ | C 型解 |
| 128 | $2^7$ | C 型解 |
| $m = 2$ | | |
| 3 | 3 | G 型解 |
| 10 | $2 * 5$ | A 型解 |
| 136 | $2^3 * 17$ | A 型解 |
| 32896 | $2^7 * 257$ | A 型解 |
| $m = 4$ | | |
| 5 | 5 | G 型解 |
| 14 | $2 * 7$ | A 型解 |
| 44 | $2^2 * 11$ | A 型解 |
| 152 | $2^3 * 19$ | A 型解 |
| 2144 | $2^5 * 67$ | A 型解 |
| 8384 | $2^6 * 131$ | A 型解 |
| 110 | $2 * 5 * 11$ | D 型解 |
| 884 | $2^2 * 13 * 17$ | D 型解 |
| 18632 | $2^3 * 17 * 137$ | D 型解 |

$m = 1$ のとき $a = 2^e$ となる数,すなわち 2 べきが解なのでこれらを C 型解と言う. $m = 2$ のときの数 3 のように素数の解を G 型解と言う.

$\sigma(a) - 2a = -m$ を満たす $a$ に A 型解,すなわち $a = 2^e q$, $(q$: 素数) と書ける解があると仮定する.

すると,$\sigma(a) = \sigma(2^e q) = \sigma(2^e) \sigma(q)$ となる.

$N = 2^{e+1} - 1$ を使うと $N = \sigma(2^e)$, $\sigma(q) = q + 1$ によって, $\sigma(a) =$

$$\sigma(2^e)\sigma(q) = N(q+1) = Nq + N.$$

$Nq = (2^{e+1}-1)q = 2a-q$ により $\sigma(a) = Nq + N = 2a - q + N$.

$\sigma(a) - 2a = -q + N$ であり定義により $\sigma(a) - 2a = -m$ を満たしているので, $-m = -q + N$. よって, $q = N + m = 2^{e+1} - 1 + m$.

以上により, $q = 2^{e+1} - 1 + m$ となりこれは素数.


これを逆にたどって, 与えられた $m$（平行移動のパラメータと呼ぶ）に対して, $2^{e+1} - 1 + m$ が素数になる $e$ があれば $q = 2^{e+1} - 1 + m$ とおくとき, $a = 2^e q$ は $\sigma(a) - 2a = -m$ を満たす. このような解を特にエイリアンともいう.

用語の整理をする.

$q = 2^{e+1} - 1 + m$ が素数のとき $a = 2^e q$ は $\sigma(a) - 2a = -m$ を満たす. そこで $a = 2^e q$ を $m$ だけ平行移動した 狭義の完全数という.

一般に $\sigma(a) - 2a = -m$ を満たす自然数 $a$ を $m$ だけ平行移動した 広義の完全数という.

したがって, $m$ だけ平行移動した 狭義の完全数は $m$ だけ平行移動した 広義の完全数である.

そこで次のように問題を設定する:

その逆, すなわち広義の完全数で狭義の完全数にならないものはあるか. もしあればそれをすべて求めよ.

A 型解である広義の完全数は狭義の完全数になる. したがって A 型解にならない広義の完全数を求めることが課題と言ってよい.


$m = -11, \cdots, -1$ の完全数を調べてみた.

表 2.3  平行移動 $m = -11, \cdots, -1$ の完全数

| $a$ | 素因数分解 | |
|---|---|---|
| $m = -11$ | | |
| 40 | $2^3 * 5$ | A 型解 |
| 1696 | $2^5 * 53$ | A 型解 |
| $m = -8$ | | A 型解 |
| 56 | $2^3 * 7$ | A 型解 |
| 368 | $2^4 * 23$ | A 型解 |
| 836 | $2^2 * 11 * 19$ | D 型解 |
| $m = -7$ | | |
| 196 | $2^2 * 7^2$ | F 型解 |
| $m = -6$ | | |
| 8925 | $3 * 5^2 * 7 * 17$ | F 型解 |
| $m = -4$ | | |
| 12 | $2^2 * 3$ | A 型解 |
| 70 | $2 * 5 * 7$ | D 型解 |
| 88 | $2^3 * 11$ | A 型解 |
| 1888 | $2^5 * 59$ | A 型解 |
| 4030 | $2 * 5 * 13 * 31$ | E 型解 |
| 5830 | $2 * 5 * 11 * 53$ | E 型解 |
| $m = -3$ | | |
| 18 | $2 * 3^2$ | A 型解 |
| $m = -2$ | | |
| 20 | $2^2 * 5$ | A 型解 |
| 104 | $2^3 * 13$ | A 型解 |
| 464 | $2^4 * 29$ | A 型解 |
| 650 | $2 * 5^2 * 13$ | F 型解 |
| 1952 | $2^5 * 61$ | A 型解 |

$m = -6$ のとき A 型解があるが非常に大きい.

$e = 38$ とおけば $a = 549755813881 = 2 * 2^e - 1 + m$ これは素数.

次の結果は驚きである.

表2.4　平行移動 $m = -12$ の完全数

| $a$ | 素因数分解 | |
|---|---|---|
| 第 1 | ブロック（擬素数解） | |
| 24 | $2^3 * 3$ | A 型解 |
| 54 | $2 * 3^3$ | F 型解 |
| 第 2 | ブロック（B 型解） | |
| $6p$ | $2 * 3 * p$ | |
| 30 | $2 * 3 * 5$ | |
| 42 | $2 * 3 * 7$ | |
| 66 | $2 * 3 * 11$ | |
| 78 | $2 * 3 * 13$ | |
| 102 | $2 * 3 * 17$ | |
| 114 | $2 * 3 * 19$ | |
| 138 | $2 * 3 * 23$ | |
| 174 | $2 * 3 * 29$ | |
| 186 | $2 * 3 * 31$ | |
| 222 | $2 * 3 * 37$ | |
| 246 | $2 * 3 * 41$ | |
| 258 | $2 * 3 * 43$ | |
| 282 | $2 * 3 * 47$ | |
| 318 | $2 * 3 * 53$ | |
| 354 | $2 * 3 * 59$ | |
| 366 | $2 * 3 * 61$ | |
| 402 | $2 * 3 * 67$ | |
| 426 | $2 * 3 * 71$ | |
| 第 3 | ブロック（エイリアン解） | |
| 304 | $2^4 * 19$ | |

$m = -12$ のとき $6p, p$：素数 $(p \neq 2, 3)$ とかける解が異常に多い.

実際に $a = 6p$ とおくと,

$$\sigma(a) = \sigma(6)\sigma(p) = 12(p+1) = 2*6p+12 = 2a+12.$$

よって $\sigma(a) = 2a + 12$ を満たす. したがって $a = 6p$ は平行移動 $m = -12$ の完全数でありこれらを B 型解という.

この他に　$24 = 2^3 * 3, 54 = 2 * 3^3$ という解がある. これらを次のように解釈する.

$a = 6p$ という解において, $6 = 2 * 3$ なので, $p$ が $4 = 2^2$ に変異したとみる. $6p = 2 * 3 * p = 2^3 * 3 = 24$ となりこれを擬素数解という.

最初に簡単な場合を扱う.

**命題 2.** $a = 2^r * 3$ **を解とすると, $r = 3$.**

Proof.

$$\sigma(a) = \sigma(2^r * 3) = (2*2^r-1)*4 = 8*2^r-4 = 2a+12 = 2*2^r*3+12$$

これより, $8*2^r = 6*2^r+16$. ゆえに $2*2^r = 16 = 2^4$. よって, $r = 3$.

End

$p$ が $9 = 3^2$ に変異したとみれば $6p = 2 * 3 * p = 2 * 3^3 = 54$.

これも解が $2 * 3^s$ として $s = 3$ を導くと納得しやすいだろう.

一般に次が成り立つ.

**命題 3.** $a = 2^e * 3^f$ **が解とすると, 1) $e = 3, f = 1$ または 2) $e = 1, f = 3$.**

証明は少し苦労すればできる.

$\sigma(a) = 2a + 12$ には $a = 6p, (p > 3：素数)$ という解が無限にあるという興味深い性質を持つ. このことは昔から知られていた. その原因は 6 が完全数ということにある.

# 3 整数列大辞典

Net にある整数列大辞典（OEIS；On Line Encyclopedia of integer sequences）を使ってみよう

OEIS を起動すると

Enter sequence number（数列を入れよ）と出るので試みに

24,304, 12774

とすると，これらは数列番号 A096821 で $p = 2^j - 13$ となる素数で $a = 2^{j-1}p$ と書ける.

さらに，数列番号 A076496 を参照せよ．それらは $g(n) = 2n + 1 - \sigma(n)$ と定義するとき $g(n) = -11$ の解である云々とありそのうえ，膨大な参考文献がついてくる.

# 4 宇宙完全数

**定義.** 完全数 $\mu$ について $-2\mu$ だけ平行移動した完全数をワイド完全数（wide perfect numbers）または宇宙完全数（space perfect numbers）という.

完全数 $\mu$ に対応した宇宙完全数 $\alpha$ の定義方程式は $\sigma(\alpha) = 2\alpha + 2\mu$ である.

完全数は数学愛好家や中学生, 高校生, 小学生にも人気のあるテーマである.

ここでは 完全数をもとにそれより複雑で数多の解のある完全数の超大型化として宇宙完全数を導入した.

その簡単な場合は ネットの上での数列大辞典でも紹介されているが, 研究の対象として目立つ存在とはいえない.

**命題 4.** 完全数 $\mu = 2^e q$ についての宇宙完全数 が解 $\alpha = 2^e q^\eta$ の形の解を持つとき $\alpha_1 = 2^{2e+1}q$ または $\alpha_2 = 2^e q^3$ となる. これらを擬素数解という.

**注意.** 水谷一氏は存在するかも知れない奇数完全数でも擬素数解が考えられる

という.

## 4.1 完全数 6 についてのエイリアン解

完全数 6 についての宇宙完全数には $\alpha = 304 = 2^4 * 19$ という解もある. これはエイリアン解とも呼ばれ, $19 = 2^{4+1} - 13 = 32 - 13$ を満たす.

一般に次が成り立つ.

**命題 5.** $\alpha = 2^e q, (q : 素数)$ が $\sigma(\alpha) = 2\alpha + 12$ を満たすとすれば, $q = 2^{e+1} - 13$.

逆に $q = 2^{e+1} - 13$ が素数なら $\alpha = 2^e q$ は $\sigma(\alpha) = 2\alpha + 12$ を満たす.

Proof.

$$\begin{aligned}
\sigma(\alpha) &= \sigma(2^e * q) \\
&= (2 * 2^e - 1)(q + 1) \\
&= 2 * 2^e q - q + 2^{e+1} - 1
\end{aligned}$$

一方,

$$\sigma(\alpha) = 2\alpha + 12 = 2 * 2^e q + 12 = 2 * 2^e q - q + 2^{e+1} - 1.$$

よって, $q = 2^{e+1} - 13$.

End

簡単に言えば $2^{e+1} - 13$ が素数になる $e$ を求め $q = 2^{e+1} - 13$ とおくとき $\alpha = 2^e q$ は解となる.

表 2.5  $m = -12$ のエイリアン解

| $e$ | $q = 2^{e+1} - 13$ | $2^{e+1}$ | | $\alpha = 2^e q$ |
|---|---|---|---|---|
| 3 | 3 | 16 | $2^4$ | 24 (擬素数解) |
| 4 | 19 | 32 | $2^5$ | 304 |
| 8 | 499 | 512 | $2^9$ | 127744 |
| 12 | 8179 | 8192 | $2^{13}$ | 33501184 |
| 16 | 131059 | 131072 | $2^{17}$ | 8589082624 |

$q = 2^{e+1} - 13$ が素数となる $e$ は無限にありそうだがその証明はない. B 型解 $6p$, 2 個の擬素数解, 無限にありそうなエイリアン解以外の解があるかどうかはわからない.

一般に $\mu = 2^e q$ についての宇宙完全数 $\alpha$ が A 型 すなわち,$\alpha = 2^\varepsilon Q, (Q:$ 素数$)$ と書けるなら $Q = 2^{e+1} - 1 - 2\mu$ が素数となる.

このようにして得られる A 型解 (宇宙完全数) がエイリアン解の一般的定義である.

$m = -56$ は第 2 完全数の $-2$ 倍であり B 型解 $28p$, 2 個の擬素数解, 無限にありそうなエイリアン解以外の解がある.

## 4.2 エイリアン解,$m = 2 * 28, 2 * 496,$

$\sigma(a) = 2a + 56$ のエイリアン解 $\alpha$ は $q = 2^{e+1} - 57$  と書ける素数 $q$ から $\alpha = 2^e q$ として得られる.

表 2.6  $m = -56$ のときのエイリアン解

| $e$ | $q = 2^{e+1} - 57$ | $2^{e+1}$ | | $\alpha = 2^e q$ |
|---|---|---|---|---|
| 5 | 7 | 64 | $2^6$ | $224 = 2^5 7$（擬素数解） |
| 6 | 71 | 128 | $2^7$ | 4544 |
| 7 | 199 | 256 | $2^8$ | 25472 |
| 9 | 967 | 1024 | $2^{10}$ | 495104 |
| 15 | 65479 | 65536 | $2^{16}$ | 2145615872 |
| 18 | 524231 | 524288 | $2^{19}$ | 137424011264 |
| 21 | 4194247 | 4194304 | $2^{22}$ | 8795973484544 |
| 27 | 268435399 | 268435456 | $2^{28}$ | 36028789368553472 |

$q$ の末尾の数は, 1,9,7.

$\alpha$ の末尾の数は, 2,4.

表 2.7  $m = -2*496$ のエイリアン解

| $e$ | $q = 2^{e+1} - 1 - 2*496$ | $2^{e+1}$ | | $\alpha = 2^e q$ |
|---|---|---|---|---|
| 9 | 31 | 1024 | $2^{10}$ | 15872（擬素数解） |
| 13 | 15391 | 16384 | $2^{14}$ | 126083072 |
| 16 | 130079 | 131072 | $2^{17}$ | 8524857344 |
| 25 | 67107871 | 67108864 | $2^{26}$ | 2251766494134272 |
| 28 | 536869919 | 536870912 | $2^{29}$ | 144114921519448064 |

$q$ の末尾の数は, 1,9

$\alpha$ の末尾の数は, 2,4.

表2.8　$m = -2 * 8128$ のエイリアン解

| $e$ | $q = 2^{e+1} - 1 - 2 * 8128$ | $2^{e+1}$ | | $\alpha = 2^e q$ |
|---|---|---|---|---|
| 13 | 127 | 16384 | $2^{14}$ | 1040384（擬素数解） |
| 15 | 49279 | 65536 | $2^{16}$ | 1614774272 |
| 19 | 1032319 | 1048576 | $2^{20}$ | 541232463872 |
| 21 | 4178047 | 4194304 | $2^{22}$ | 8761999622144 |
| 25 | 67092607 | 67108864 | $2^{26}$ | 2251254319284224 |
| 29 | 1073725567 | 1073741824 | $2^{30}$ | 576452024393007104 |
| 33 | 17179852927 | 17179869184 | $2^{34}$ | 147573812943109750784 |

　$q$ の末尾の数は, 9,7.

　$\alpha$ の末尾の数は, 2,4.

　次の数表は第 2,3,4 完全数について平行移動 $-2\mu(\mu：完全数)$ の完全数を列挙したモノである. 複雑そうであるがよく見ると美しい結果であることがわかる.

### 表2.9  完全数 $\mu = 2^e q$ についての宇宙完全数 (Pfac:素因数分解)

| $a$ | Pfac | $a$ | Pfac | $a$ | Pfac |
|---|---|---|---|---|---|
| $\mu = 28$ | | $\mu = 496$ | | $\mu = 8128$ | |
| 84 | $2^2 * 3 * 7$ | 1488 | $2^4 * 3 * 31$ | 24384 | $2^6 * 3 * 127$ |
| 140 | $2^2 * 5 * 7$ | 2480 | $2^4 * 5 * 31$ | 40640 | $2^6 * 5 * 127$ |
| 224 | $2^5 * 7(p1)$ | 2892 | $2^2 * 3 * 241(p3)$ | 48684 | $2^2 * 3 * 4057(p7)$ |
| 308 | $2^2 * 7 * 11$ | 3472 | $2^4 * 7 * 31$ | 56896 | $2^6 * 7 * 127$ |
| 364 | $2^2 * 7 * 13$ | 5456 | $2^4 * 11 * 31$ | 89408 | $2^6 * 11 * 127$ |
| 476 | $2^2 * 7 * 17$ | 6104 | $2^3 * 7 * 109(p4)$ | 105664 | $2^6 * 13 * 127$ |
| 532 | $2^2 * 7 * 19$ | 6448 | $2^4 * 13 * 31$ | 112952 | $2^3 * 7 * 2017(p8)$ |
| 644 | $2^2 * 7 * 23$ | 8432 | $2^4 * 17 * 31$ | 138176 | $2^6 * 17 * 127$ |
| 812 | $2^2 * 7 * 29$ | 9424 | $2^4 * 19 * 31$ | 154432 | $2^6 * 19 * 127$ |
| 868 | $2^2 * 7 * 31$ | 11408 | $2^4 * 23 * 31$ | 186944 | $2^6 * 23 * 127$ |
| 1036 | $2^2 * 7 * 37$ | 14384 | $2^4 * 29 * 31$ | 235712 | $2^6 * 29 * 127$ |
| 1148 | $2^2 * 7 * 41$ | 15872 | $2^9 * 31(p5)$ | 251968 | $2^6 * 31 * 127$ |
| 1204 | $2^2 * 7 * 43$ | 18352 | $2^4 * 31 * 37$ | 300736 | $2^6 * 37 * 127$ |
| 1316 | $2^2 * 7 * 47$ | 20336 | $2^4 * 31 * 41$ | 333248 | $2^6 * 41 * 127$ |
| 1372 | $2^2 * 7^3(p2)$ | 21328 | $2^4 * 31 * 43$ | 349504 | $2^6 * 43 * 127$ |
| 1484 | $2^2 * 7 * 53$ | 23312 | $2^4 * 31 * 47$ | 353672 | $2^3 * 11 * 4019(p9)$ |
| 1652 | $2^2 * 7 * 59$ | 26288 | $2^4 * 31 * 53$ | 382016 | $2^6 * 47 * 127$ |

表 2.10 完全数 $\mu = 2^e q$ についての宇宙完全数, 続き （Pfac:素因数分解）

| $a$ | Pfac | $a$ | Pfac | $a$ | Pfac |
|---|---|---|---|---|---|
| $\mu = 28$ | | $\mu = 496$ | | $\mu = 8128$ | |
| 1708 | $2^2 * 7 * 61$ | 29264 | $2^4 * 31 * 59$ | 396112 | $2^4 * 19 * 1303 (p10)$ |
| 1876 | $2^2 * 7 * 67$ | 30256 | $2^4 * 31 * 61$ | 430784 | $2^6 * 53 * 127$ |
| 1988 | $2^2 * 7 * 71$ | 33232 | $2^4 * 31 * 67$ | 479552 | $2^6 * 59 * 127$ |
| 2044 | $2^2 * 7 * 73$ | 35216 | $2^4 * 31 * 71$ | 495808 | $2^6 * 61 * 127$ |
| 2212 | $2^2 * 7 * 79$ | 36208 | $2^4 * 31 * 73$ | 544576 | $2^6 * 67 * 127$ |
| 2324 | $2^2 * 7 * 83$ | 39184 | $2^4 * 31 * 79$ | 577088 | $2^6 * 71 * 127$ |
| 2492 | $2^2 * 7 * 89$ | 41168 | $2^4 * 31 * 83$ | 593344 | $2^6 * 73 * 127$ |
| 2716 | $2^2 * 7 * 97$ | 44144 | $2^4 * 31 * 89$ | 642112 | $2^6 * 79 * 127$ |
| 2828 | $2^2 * 7 * 101$ | 48112 | $2^4 * 31 * 97$ | 674624 | $2^6 * 83 * 127$ |
| 2884 | $2^2 * 7 * 103$ | 50096 | $2^4 * 31 * 101$ | 723392 | $2^6 * 89 * 127$ |
| 2996 | $2^2 * 7 * 107$ | 51088 | $2^4 * 31 * 103$ | 788416 | $2^6 * 97 * 127$ |
| 3052 | $2^2 * 7 * 109$ | 53072 | $2^4 * 31 * 107$ | 820928 | $2^6 * 101 * 127$ |
| 3164 | $2^2 * 7 * 113$ | 54064 | $2^4 * 31 * 109$ | 837184 | $2^6 * 103 * 127$ |
| 3556 | $2^2 * 7 * 127$ | 56048 | $2^4 * 31 * 113$ | 869696 | $2^6 * 107 * 127$ |
| 3668 | $2^2 * 7 * 131$ | 62992 | $2^4 * 31 * 127$ | 885952 | $2^6 * 109 * 127$ |
| 3836 | $2^2 * 7 * 137$ | 64976 | $2^4 * 31 * 131$ | 918464 | $2^6 * 113 * 127$ |
| 3892 | $2^2 * 7 * 139$ | 67952 | $2^4 * 31 * 137$ | 1040384 | $2^{13} * 127 (p11)$ |

第 4 完全数の $\mu = 8128$ から $m = -2\mu$ とすると平行移動 $m$ の完全数には B 型解 $8128p$ はある.

最後に擬素数が 1 つ見える. $a = 1040384 = 2^{13} * 127$.

以下通常解（B 型解）以外の解について若干の説明をする.

$\mu = 28$ に対応した宇宙完全数の擬素数解 $2^5 * 7 (p1), 2^2 * 7^3 (p2)$

$\mu = 496$ に対応した宇宙完全数のマイナー解 $2^2 * 3 * 241 (p3), 2^3 * 7 * 109 (p4)$, 擬素数解 $2^9 * 31 (p5), 2^4 * 31^3 (p6)$

$\mu = 8128$ に対応した宇宙完全数のマイナー解 $2^2 * 3 * 4057 (p7), 2^3 * 7 * 2017 (p8), 2^3 * 11 * 4019 (p9), 2^4 * 19 * 1303 (p10)$, 擬素数解 $2^{13} * 127 (p11)$

## 5 マイナー解

完全数 $\mu = 2^e q$ に対応した宇宙完全数の方程式は $\sigma(a) = 2a + 2\mu$ である.

この解は,B 型解 $\mu p$, A 型解(エイリアン解ともいう), 擬素数解. これに加えて $\alpha = 2^\varepsilon QR,\ (e > \varepsilon; Q < R, Q, R$ は相異なる奇素数)が発見された. $\varepsilon < e$ なのでこれらを マイナー解 と呼ぶ. これらは第 3 完全数以降に登場する.

$N = 2^{\varepsilon+1} - 1, \Delta = Q + R, B = QR$ とおくとき,

$$\sigma(\alpha) = N(Q+1)(R+1) = NB + N\Delta + N,$$

$2\alpha + 2\mu = (N+1)B + 2^{e+1}q$ によって,

$$NB + N\Delta + N = (N+1)B + 2^{e+1}q.$$

$NB$ を消去して整理すると,

$$N\Delta + N = B + 2^{e+1}q.$$

$N - 2^{e+1}q = B - N\Delta$ を得る.

$Q_0 = Q - N, R_0 = R - N$ とおけば $Q_0 R_0 = B - N\Delta + N^2$ . ゆえに $B_0 = Q_0 R_0$ を用いて

$$N - 2^{e+1}q = B - N\Delta = B_0 - N^2.$$

これより, $X = N^2 + N - 2^{e+1}q$ とおくと $X = Q_0 R_0$.

これが基本等式である.

$N^2 + N = N(N+1) = (2^{\varepsilon+1} - 1)2^{\varepsilon+1}, 2^{e+1}q = 2^{e+1}(2^{e+1} - 1)$ なので $\delta_1 = 2^{\varepsilon+1}, \delta_2 = 2^{e+1}$ とおけば

$$N^2 + N - 2^{e+1}q = \delta_1(\delta_1 - 1) - \delta_2(\delta_2 - 1) = (\delta_1 - \delta_2)(\delta_1 + \delta_2 - 1).$$

条件 $e > \varepsilon$ によって,$\delta_1 - \delta_2 = 2^{\varepsilon+1} - 2^{e+1} < 0$.

$N^2 + N - 2^{e+1}q < 0$ になり,$0 > N^2 + N - 2^{e+1}q = Q_0 R_0 = B_0, (Q_0 < R_0)$. よって $Q_0 = Q - N$ は負になる. よって, $-X = (-Q_0)R_0$.

ここで特別な場合を考えてみる.

$e > \varepsilon$ がマイナー解の条件だが $e = \varepsilon$ としてみる. $\delta_1 - \delta_2 = 0$ なので

$Q_0 R_0 = B_0 = N^2 + N - 2^{e+1}q = 0$. $Q_0 < R_0$ によって, $Q_0 = 0, Q = N = 2^{\varepsilon+1} - 1 = 2^e - 1 = q$. これは素数, とくにメルセンヌ素数.

$R$ については特に条件がないので $\alpha = 2^\varepsilon B = 2^e qR$. この解 $2^e qR$ は 素数 $R$ が無限に出るので B 型解になる.

## 5.1 例

$e = 4, \mu = 496 = 2^4 * 31, \varepsilon = f = 2$ のときのマイナー解（swi-prolog による プログラムによる）を探す.

```
1 ?- minor_reiwa(4,2).
e=4,f=2,936,[2^3,3^2,13]
N=7      X=936
-4,234   Q=3,[3],R=241,[241]
-2,468   Q=5,[5],R=475,[5^2,19]
```

$N = 2^3 - 1 = 7, X = 936$ $-X = -936$ を 2 個の偶数の積 $-4 * 234$ に分解してさらに $N = 7$ を加えて 素数 $Q = 3, R = 241$ が得られている. マイナー解 $2^2 * 3 * 241$.(p3)

$e = 4, \mu = 496 = 2^4 * 31, \varepsilon = f = 3$ のときのマイナー解

```
2 ?- minor_reiwa(4,3).
e=4,f=3,752,[2^4,47]
N=15     X=752
-8,94    Q=7,[7],R=109,[109]
-4,188   Q=11,[11],R=203,[7,29]
-2,376   Q=13,[13],R=391,[17,23]
```

素数 $Q, R$ が得られているのは $-X = -752 = -8 * 94$ に $N = 15$ を加えて $Q = 7, R = 109$. マイナー解 $2^3 * 7 * 109$.(p4)

Farideh Firoozbakht and Maximilian F.Hasler[9] にはこの結果が載っている. そこで第 4 完全数 8128 の場合を調べた.

## 第 4 完全数 8128 の場合

I) $e = 6, \mu = 8128 = 2^6 * 127, \varepsilon = f = 2$ のときのマイナー解を探す.

```
9 ?- minor_reiwa(6,2).
e=6,f=2,16200,[2^3,3^4,5^2]
N=7      X=16200
-4,4050 Q=3,[3],R=4057,[4057]
-2,8100 Q=5,[5],R=8107,[11^2,67]
```

$Q = 3, R = 4057$ が素数なので マイナー解 $2^3 * 3 * 4057.$(p7)

II) $e = 6, \mu = 8128 = 2^6 * 127, \varepsilon = f = 3$ のときのマイナー解を探す

```
10 ?- minor_reiwa(6,3).
e=6,f=3,16016,[2^4,7,11,13]
N=15     X=16016
-8,2002 Q=7,[7],R=2017,[2017]
-4,4004 Q=11,[11],R=4019,[4019]
-2,8008 Q=13,[13],R=8023,[71,113]
```

$Q = 7, R = 2017$ が素数なので マイナー解 $2^3 * 7 * 2017.$(p8)
$Q = 11, R = 4019$ が素数なので マイナー解 $2^3 * 11 * 4019.$(p9)

III) $e = 6, \mu = 8128 = 2^6 * 127, \varepsilon = f = 4$ のときのマイナー解を探す.
同様にして,
$Q = 19, R = 1303$ が素数なので マイナー解 $2^4 * 19 * 1303.$(p10)

IV) $e = 6, \mu = 8128 = 2^6 * 127, \varepsilon = f = 5$ のときのマイナー解を探す.

$Q = 59, R = 3119$ が素数なので マイナー解 $2^5 * 59 * 3119$.

## 5.2 第5完全数の場合

33550336 は 15 世紀に発見された第 5 完全数である.

$33550336 = 2^{12} * 8191$ なのでマイナー解は $2^{\varepsilon} * B, (B = QR,)(\varepsilon < 12)$ の形である.

$e = 12, \mu = 2^4 * 31, \varepsilon = f = 4$ のときのマイナー解を探す.（解になるときだけ書く）

```
2 ?- minor_reiwa(12,4).
e=12,f=4,67099680,[2^5,3^2,5,17,2741]
N=31      X=67099680
-12,5591640      Q=19,[19],R=5591671,[5591671]
```

これからマイナー解 $2^4 * 19 * 5591671$ を得た.

## 5.3 $\varepsilon = 6$ のときのマイナー解

$e = 12, \mu = 2^4 * 31, \varepsilon = f = 6$ のときのマイナー解を探す.

- $Q = 31, R = 698923$, マイナー解 $2^6 * 31 * 698923$.
- $Q = 71, R = 1198063$, マイナー解 $2^6 * 71 * 1198063$.
- $Q = 79, R = 1397719$, マイナー解 $2^6 * 79 * 1397719$.
- $Q = 103, R = 2795311$, マイナー解 $2^6 * 103 * 795311$.

このようにすると, 第5完全数のマイナー解はすべて求められる.

梶田光君は第6完全数を暗記していることもあり, マイナー解が求まればいいな, と言っていたが求めようとしても計算の負荷があまりにも大きくパソコンで計算させても沈黙するのみだった.

## 6　メジャー解

　マイナー解の条件を逆にして, $e < f$ を満たす場合をメジャー解という. $e = 2$ のときすでにメジャー解がある.

　これは予期せぬ結果であった. そこでメジャー解の出るところの前後を込めて例示する.

表 2.11　$m = -2 * 28$ の完全数の一部

| $a$ | 素因数分解 |
|---|---|
| 74992 | $2^4 * 43 * 109$ |
| 75124 | $2^2 * 7 * 2683$ |
| — — — | |
| 14552 | $2^3 * 17 * 107$ |
| 14588 | $2^2 * 7 * 521$ |
| | |
| 6019076 | $2^2 * 7 * 214967$ |
| 6019264 | $2^6 * 163 * 577$ |
| 6019636 | $2^2 * 7 * 214987$ |
| 6019804 | $2^2 * 7 * 214993$ |

　メジャー解の構成は次のように行えばよい.

　完全数 $\mu = 2^e q$ に対してメジャー解 $2^f QR, (Q < R)$ を考える. $\delta_1 = 2^{f+1}, \delta_2 = 2^{e+1}$ とおき

$$X = N^2 + N - 2^{e+1}q = \delta_1(\delta_1 - 1) - \delta_2(\delta_2 - 1) = (\delta_1 - \delta_2)(\delta_1 + \delta_2 - 1).$$

に注目する.

　$X = Q_0 R_0$ と分解し $Q = Q_0 + N, R = R_0 + N$ がともに素数のものを選ぶ. これがあればメジャー解 $2^f QR$ を得る.

　$e = 2, f = 4$ によりプログラムを実行した結果を示す.

```
1 ?-  major_showa(2,4).
e=2,f=4,X=936,[2^3,3^2,13]
n=31     26,[3,19],36,[67]
18,[7^2],52,[83]
12,[43],78,[109]
6,[37],156,[11,17]
4,[5,7],234,[5,53]
2,[3,11],468,[499]
```

$f = 4N = 2^5 - 1 = 31.$

$Q_0 = 12, R_0 - 78, Q = Q_0 + 31 = 43, R = 109$ 素数,　として　メジャー解
$2^4 * 43 * 109$ が得られた

　宇宙完全数には,B 型解,エイリアン解,マイナー解にメジャー解の 3 種類の
解がある.宇宙完全数のシンボルキャラクターには 3 個の頭部と口があるのは
理にかなっている.ただしまだ知られていない解があるやもしれぬ.

　宇宙完全数は底知れぬ神秘の姿を見せるのである.

# 第3章

# スーパー完全数とその GA 型解

## 1 スーパー完全数

あるとき知り合いの矢崎氏から, "一般化された完全数の論文"(Generalized perfect numbers, by Antal Bege and Kinga Fogarasi([8]) の存在を教えてもらいスーパー完全数を知ることとなった.

スーパー完全数 は D.Suryanaryana により 1960 年 ([7]) に導入された. その定義はごく簡単で, 記号 $\sigma^2(a) = \sigma(\sigma(a))$ を用いると $\sigma^2(a) = 2a$ を満たす数 $a$ として定義される.

私はこの定義式を見て少なからず驚いた. そして $\sigma^2(a)$ を考える意味はあるだろうか, 単なる一般化のため一般化にすぎないのではないか, と危ぶんだからである.

自分を説得するために次のような筋道を考えてみた.

$a = 2^e$ とおく. $q = \sigma(a) = 2^{e+1} - 1$ を素数と仮定すると, $\alpha = aq$ は $\sigma(\alpha) = 2\alpha$ を満たし $\alpha$ は完全数になる.

ではその 2 べき部分である $2^e$ はどんな式を満たすのだろう.

あらためて $a = 2^e$ とおき $q = \sigma(a) = 2^{e+1} - 1$ を素数と仮定する.

$q = \sigma(a) = 2^{e+1} - 1$ は素数なので, $\sigma(q) = q+1$.

ゆえに $\sigma(q) = q+1 = \sigma(a)+1 = 2^{e+1} = 2a$ を満たす.

$\sigma(q) = 2a$ に対して $q = \sigma(a)$ を代入すると, $\sigma^2(a) = \sigma(\sigma(a)) = \sigma(q) = 2a$.

よって,$\sigma^2(a) = 2a$ .

このようにしてスーパー完全数の定義式 $\sigma^2(a) = 2a$ が得られた.

この式の形は完全数の定義式に類似している. はたしてこの式を満たす解は完全数の 2 べき部分以外にあるだろうか.

そこでスーパー完全数の定義を使ってパソコンで求めてみた.

表 3.1 　$\sigma^2(a) = 2a$ の解 （スーパー完全数）

| $a$ | 素因数分解 | $q = 2a - 1$ | $aq$ 完全数 |
|---|---|---|---|
| 2 | 2 | 3 | 6 |
| 4 | $2^2$ | 7 | 28 |
| 16 | $2^4$ | 31 | 496 |
| 64 | $2^6$ | 127 | 8128 |
| 4096 | $2^{12}$ | 8191 | 33550336 |
| 65536 | $2^{16}$ | 131071 | 8589869056 |

## 完全数の覚え方

8128 の覚え方: やいニヤケルナ

33550336 の覚え方: 三々五々わ耳むっつ

8589869056 の覚え方: 箱家悔やむ苦労 56 歳まで

## 2　（元祖）完全数

$\sigma^2(a) = 2a$ を満たす解 $a$ について $q = 2a - 1$ とおいた. 結果としてこれはメルセンヌ素数になり, 積 $aq$ は （元祖）完全数になった.

スーパー完全数は完全数の 2 べき部分 $2^e$ となるようなのだ. これには驚いた.

そして偶数スーパー完全数は 2 のべき, すなわち $a = 2^e$ となることは

Suryanaryana により示された. (自己流の証明は以下で紹介する.)

これは偶数の完全数はユークリッドの完全数になるというオイラーの結果と同様な結果である.

奇数完全数の場合と同じく, 奇数のスーパー完全数は発見されていない.

(Hunsucker と Pomerance は $7*10^{24}$ 以下なら奇数スーパー完全数は存在しないことを確認した)

完全数の定義を使ってパソコンを使い 3 千万以下で求めると最初の 4 つしか出ない. スーパー完全数 $a$ の定義を使うと 10 万以下でも最初の 6 つが求まり, $p = 2a-1, \alpha = aq$ で第 6 完全数まで求まる. これはすごいことだ.

これらの事実からスーパー完全数は研究に値すると思った.

しかしこれだけでは高校生の研究の材料には不十分である. そこで私はスーパー完全数を平行移動させることにした.

これによりスーパー完全数の研究は新しい段階に入ったのである.

## 2.1 スーパー完全数の平行移動

整数 $m$ を 1 つとり, $q = 2^{e+1} - 1 + m$ は素数であると仮定する. $q$:素数 により $\sigma(q) = q+1$.

あらためて $a = 2^e$ とおくと, $\sigma(a) = 2^{e+1} - 1 = 2a - 1$ になるので $q = 2^{e+1} - 1 + m = 2a + m$.

$\sigma(q) = q+1$ の左辺は $\sigma(q) = \sigma(\sigma(a)+m)$. 右辺は $q+1 = 2a+m$.

ここであえて, 新しい変数 $A = \sigma(a)+m$ を導入する. 定義から, $q = A$ なのでこれは素数.

$\sigma(A) = q+1$, $q+1 = 2a+m$ により　$\sigma(A) = 2a+m$.

そこで $a = 2^e$ とおいたことは忘却の彼方におき, 上記で得られた式 $A = \sigma(a)+m, \sigma(A) = 2a+m$ を 2 つの未知数 $a$ と $A$ についての連立方程式とみなしこれを平行移動 $m$ のスーパー完全数の方程式と言う.

**定義.** $A = \sigma(a)+m, \sigma(A) = 2a+m$ の解 $a$ を平行移動 $m$ のスーパー完全数という. また $A$ を $a$ のパートナーという.

平行移動したスーパー完全数の研究において, $a$ と $A$ を関連させて調べることが大切である.

**命題 6. $a = 2^e$ が平行移動 $m$ のスーパー完全数ならばパートナー $A(= \sigma(a) + m)$ は素数となる.**

とくに $2^e A$ は平行移動 $m$ の狭義の完全数になる. $A > 2$ なら $A$ は奇数で, $m$ は偶数.

したがって, $m$ が奇数なら平行移動 $m$ のスーパー完全数はあったとしても 2 べきにならない.

Proof.

式 $A = \sigma(a) + m, \sigma(A) = 2a + m$ に $a = 2^e$ を代入すると

$$A = \sigma(2^e) + m = 2^{e+1} - 1 + m.$$

$A = 2^{e+1} - 1 + m$ によって, $\sigma(A) = A + 1$. よって, $A$ は 素数.

End

ここで, $A = \sigma(a) + m, \sigma(A) = 2a + m$ の 2 べきの解を正規解（regular solutions）という.

この逆が次の形で成立する.

**命題 7. $a = 2^e$ で $q = 2^{e+1} - 1 + m$ が素数なら $a$ はスーパー完全数となる.**

とくに $2^e q$ は平行移動 $m$ の狭義の完全数になる.

Proof.

$q = \sigma(a) + m = 2^{e+1} - 1 + m$ は素数なので $\sigma(q) = q + 1$.

$q = 2^{e+1} - 1 + m = \sigma(a) + m, \sigma(q) = q + 1 = 2^{e+1} + m = 2a + m.$

よって, $q$ は $a$ のパートナー.

End

　スーパー完全数 $a$ が 2 べき $2^e$ のとき, そのパートナー $A$ は素数になる. それではスーパー完全数 $a$ が 素数のとき, そのパートナー $A$ は何になるか. これは面白い問題である.

**注意.** スーパー完全数の定義において, $A = 2^{e+1} - 1 + m$ が素数, を仮定することから始める. ここで, $\sigma(a)$ を用いて, $a, A, m$ の関係式において $e$ を消去することが大切である. $a, A, m$ の関係式はスーパー完全数の定義式である種の条件下で $e$ が再現することがある. しかし一般にはスーパー双子素数のような美しい式がでたりする. 予想外の美しい結果がでることがあり本理論の魅力がここにある. 本書を読み進めれば得られるものは極めて大きいであろう.

**定義.** 平行移動 $m$ のスーパー完全数 $a$ に対して $q = 2a - 1 + m$ を擬メルセンヌ数という. qMer で示す。

## 2.2 スーパー完全数に関して成り立つオイラーの定理の類似

　$m = 0$ のときスーパー完全数の式は $A = \sigma(a), \sigma(A) = 2a$.
　したがってまとめると, $\sigma^2(a) = 2a$.

**定理 8. $\sigma^2(a) = 2a$ を満たす $a$ は偶数を仮定するとき $2^e$ とかける. さらに $q = 2^{e+1} - 1$ はメルセンヌ素数.**

　Proof.
　$a$ は偶数の仮定により, $e > 0$ があり $a = 2^e L, (L : 奇数)$ と書ける.
　$N = 2^{e+1} - 1$ とおくと $N > 2, A = \sigma(a) = N\sigma(L)$ を満たす.

　ここで $L$ の値により 2 つの場合に分けて考える.

　1) $L = 1$ のとき
　$a = 2^e$ により $A = \sigma(a) = N$.

よって, $\sigma(A) = \sigma(N)$.

$\sigma(N) = \sigma^2(a) = 2a = N+1$ によれば $\sigma(N) = N+1$. それゆえ $N$ は素数.

$N = 2^{e+1}-1$ はメルセンヌ素数 $q$ である. このとき $\alpha = aq$ は古典的完全数である.

2) $L > 2$ のとき

$N > 1$ なので, $\sigma(L)$ は $A = \sigma(a) = N\sigma(L)$ の真の約数であり,

$1, \sigma(L), N\sigma(L)$ は $A$ の相異なる約数である. $A \neq \sigma(L)$ ゆえに, $A = \sigma(a)$ の約数の和 $\sigma(A)$ は次を満たす

$$\sigma(A) \geq 1 + \sigma(L) + N\sigma(L).$$

$\sigma(A) = 2a$ なので $2a \geq 1 + \sigma(L) + N\sigma(L)$.

一方, $2a = 2^{e+1}L = (N+1)L$ によれば

$$(N+1)L = 2a \geq 1 + \sigma(L) + N\sigma(L) \geq 1 + (N+1)L.$$

これは矛盾である.

End

　私は府中市の市立図書館で, スーパー完全数について勉強していた. スーパー完全数は創始者 D.Suryanaryana により偶数の場合は完全数の 2 べき部分になることが示されたが, その証明の出ている論文は入手困難である.

　そこで証明を自力で考えてみた. 鉛筆と消しゴムを駆使していろいろして試行錯誤するうちに 1 時間以上かかったが, いつのまにか証明ができていた. これは非常にうれしかった. かくしてスーパー完全数研究にのめり込むことになった.

　いろいろな $m$ のときにスーパー完全数がどうなるかパソコンで計算して調べてみよう.

## 2.3　$m = 1$ のときのスーパー完全数

このとき方程式は　$A = \sigma(a) + 1, \sigma(A) = 2a + 1$.

表 3.2　　　$m = 1$ のときのスーパー完全数

| $a$ | 素因数分解 | $A$ | $A$ の素因数分数 |
|---|---|---|---|
| $m = 1$ | | | |
| 15 | $3 * 5$ | 25 | $5^2$ |
| 190 | $2 * 5 * 19$ | 361 | $19^2$ |
| 36856 | $2^3 * 17 * 271$ | 73441 | $271^2$ |

この表から $m$ が奇数のとき解が 2 のべきにならないことが見て取れる. $m = 1$ なので擬メルセンヌ数 $q = 2a - 1 + 1 = 2a$ となってしまい素数とはかけ離れている.

表は複雑ではあるが 3, 5, 17 というようにフェルマ素数が見えている. さらに $a, A$ の共通素因子として 5, 19, 271 が出てくる. ここに面白い素数が出ていることに注目しよう.

### 2.3.1　$m = 1$ のときスーパー完全数の構造

$m = 1$ のときよく見るとスーパー完全数は美しい構造を持っていた. 実際, 表によると $a = 2^e * p * q, A = q^2, (p, q : 素数)$ の形をしている. これ以外の形の解もあるかもしれないが取り合えずこの形の解を詳細に調べてみよう.

$N = 2^{e+1} - 1, B = pq, \Delta = p + q$ を用いると

$A = \sigma(a) + 1 = \sigma(2^e * p * q) + 1 = N(p+1)(q+1) + 1 = N(B + \Delta + 1) + 1$,
$\sigma(A) = 2a + 1 = 2^{e+1} * p * q + 1 = (N+1)B + 1 = NB + B + 1$.

$A = q^2$ により $2a + 1 = \sigma(A) = \sigma(q^2) = q^2 + q + 1$. よって, $q^2 + q + 1 = 2^{e+1} * p * q + 1 = NB + B + 1$.

ゆえに, $q^2 + q = NB + B$.

これを $q^2 = A = N(B + \Delta + 1) + 1 = NB + N\Delta + N + 1$ に入れると,

$$q^2 = NB + B - q = NB + N\Delta + N + 1.$$

ゆえに, $B - q = N\Delta + N + 1.$ かくて,

$$pq = B = N\Delta + N + q + 1 = Np + Nq + N + q + 1.$$

これより $q$ で整理すると

$$q(p - N - 1) = Np + N + 1.$$

$R = p - N - 1$ とおくとき, $(N+1)^2 = 2^{(e+1)^2}$ によって,

$$
\begin{aligned}
qR = Np + N + 1 &= N(R + 1 + N) + N + 1 \\
&= NR + N^2 + 2N + 1 \\
&= NR + (N+1)^2 \\
&= NR + 2^{2e+2}
\end{aligned}
$$

よって, $q = N + \dfrac{2^{2e+2}}{R}.$

$R = p - N - 1$ は奇数でかつ $2^{2e+2}$ の約数なので, $R = 1.$

よって, $q = N + 2^{2e+2} = 2^{2e+2} + 2^{e+1} - 1, p = N + 2 = 2^{e+1} + 1$ はフェルマ素数なので $e + 1 = 2^f$ と書ける.

以上によって, $e = 0, 3, 5, 7, \cdots$ について, $p = 2^{e+1} + 1, q = 2^{2e+2} + 2^{e+1} - 1.$ これらの素因数分解を表示した結果が次の表である.

$p = 2^{e+1} + 1$ はフェルマ素数なので $e = 31$ まででよい. 同時に素数 $q = 2^{2e+2} + 2^{e+1} - 1$ はその形からフェルマ素数よりすごいと思われるので, ここでは超フェルマ素数と呼ぶことにした.

表 3.3　　$m=1$ のときのスーパー完全数の構成素因子

| $e$ | $p=2^{e+1}+1$ | 素因数分解 | $q=2^{2e+2}+2^{e+1}-1$:素数 | |
|---|---|---|---|---|
| 3 | 17 | 17 | 271 | 271 |
| 5 | 65 | $5*13$ | 4159 | 4159 |
| 9 | 1025 | $5^2*41$ | 1049599 | 1049599 |
| 15 | 65537 | 65537 | 4295032831 | 4295032831 |
| 23 | 16777217 | $97*257*673$ | 281474993487871 | $X$ |
| 25 | 67108865 | $5*53*157*1613$ | 4503599694479359 | $Y$ |

$X=281474993487871, Y=4503599694479359$

表 3.4　　$m=1$ のときのスーパー完全数の構成素因子

| $e+1$ | $p=2^{e+1}+1$ | 素因数分解 | $q=p(p-1)-1$ | 素因数分解 |
|---|---|---|---|---|
| 1 | 3 | 3 | 5 | 5 |
| 2 | 5 | 5 | 19 | 19 |
| 4 | 17 | 17 | 271 | 271 |
| 16 | 65537 | 65537 | 4295032831 | 4295032831 |

　　$m=1$ のときのスーパー完全数としてえられたこれら 4 個の数は珠玉のような数と言ってよいだろう.

　$F_m=2^{2^m}+1$ はフェルマ数, さらに素数ならフェルマ素数と呼ばれる.

　上の証明を検討すると次の問の答が得られる.（梶田光）

**問題 1**　平行移動 $m$ のスーパー完全数において $a=2^e*p*q, A=q^2, (p,q:$素数) の形を仮定するとき $m=1$ を示せ.

## 3　　$m$:奇数のときのスーパー完全数

　$m$:奇数となるスーパー完全数はレアものらしい.

表3.5        *m*:奇数のときのスーパー完全数

| *a* | 素因数分解 | *A* | *A* の素因数分数 |
|---|---|---|---|
| *m* = −19 | | | |
| 76 | $2^2 * 19$ | 121 | $11^2$ |
| *m* = −15 | | | |
| 14 | $2 * 7$ | 9 | $3^2$ |
| 209 | $11 * 19$ | 225 | $3^2 * 5^2$ |
| *m* = −13 | | | |
| 8 | $2^3$ | 2 | 2 |
| *m* = −11 | | | |
| 6 | $2 * 3$ | 1 | 1 |
| *m* = −5 | | | |
| 4 | $2^2$ | 2 | 2 |
| *m* = −1 | | | |
| 2 | 2 | 2 | 2 |
| *m* = 1 | | | |
| 15 | $3 * 5$ | 25 | $5^2$ |
| 190 | $2 * 5 * 19$ | 361 | $19^2$ |
| *m* = 3 | | | |
| 5 | 5 | 9 | $3^2$ |
| *m* = 13 | | | |
| 22 | $2 * 11$ | 49 | $7^2$ |

表3.6　　　$m$:奇数のときのスーパー完全数

| $a$ | 素因数分解 | $A$ | $A$ の素因数分数 |
|---|---|---|---|
| $m = 17$ | | | |
| 7 | 7 | 25 | $5^2$ |
| $m = 25$ | | | |
| 5344 | $2^5 * 167$ | 10609 | $103^2$ |
| $m = 39$ | | | |
| 41 | 41 | 81 | $3^4$ |
| $m = 43$ | | | |
| 45 | $3^2 * 5$ | 121 | $11^2$ |
| $m = 45$ | | | |
| 179 | 179 | 225 | $3^2 * 5^2$ |
| 1853 | $17 * 109$ | 2025 | $3^4 * 5^2$ |
| $m = 49$ | | | |
| 5637 | $3 * 1879$ | 7569 | $3^2 * 29^2$ |
| $m = 63$ | | | |
| 833 | $7^2 * 17$ | 1089 | $3^2 * 11^2$ |
| $m = 65$ | | | |
| 1843 | $19 * 97$ | 2025 | $3^4 * 5^2$ |
| $m = 73$ | | | |
| 154 | $2 * 7 * 11$ | 361 | $19^2$ |
| $m = 97$ | | | |
| 105 | $3 * 5 * 7$ | 289 | $17^2$ |
| $m = 107$ | | | |
| 13 | 13 | 121 | $11^2$ |
| $m = 115$ | | | |
| 34 | $2 * 17$ | 169 | $13^2$ |
| 27 | $3^3$ | 169 | $13^2$ |

$A = 2$ または平方数になるらしい.

これについては水谷による結果がある.

**命題 9.** 　　$m$:奇数のときのスーパー完全数のパートナー $A$ は 2 または平方数

**補題 10.** $\alpha$ と $\sigma(\alpha)$ が 奇数のとき　　$\alpha$ は平方数

**問題 2**　$a = 2^e p, A = q^2$ となることを仮定し そのとき $m$ を求めよ.

**問題 3**　$a = 2^e$ のとき $A = 2$ となることをしめせ. そのとき $m$ を求めよ.

以上の 2 つは梶田光が解決した.

### 3.1 $m = -4$ のときのスーパー完全数

$m = -4$ のとき, スーパー完全数をパソコンで計算してみると, その形はさまざまあって, 驚天動地の世界が現れた.

表3.7　　$m = -4$ のときのスーパー完全数

| $a$ | 素因数分解 | $A$ | $A$ の素因数分数 | qMer |
|---|---|---|---|---|
| $m = -4$ | | | | |
| 第1ブロック | | | | |
| 4 | $2^2$ | 3 | 3 | 3 |
| 8 | $2^3$ | 11 | 11 | 11 |
| 32 | $2^5$ | 59 | 59 | 59 |
| 128 | $2^7$ | 251 | 251 | 251 |
| 512 | $2^9$ | 1019 | 1019 | 1019 |
| 2048 | $2^{11}$ | 4091 | 4091 | 4091 |
| 131072 | $2^{17}$ | 262139 | 262139 | 262139 |
| 第2ブロック | | | | |
| 23 | 23 | 20 | $2^2 * 5$ | 41 |
| 107 | 107 | 104 | $2^3 * 13$ | 209 |
| 467 | 467 | 464 | $2^4 * 29$ | 929 |
| 130307 | 130307 | 130304 | $2^8 * 509$ | 260609 |
| 以下不規則 | | | | |
| 653 | 653 | 650 | $2 * 5^2 * 13$ | 1301 |
| 3077 | $17 * 181$ | 3272 | $2^3 * 409$ | 6149 |
| 9953 | $37 * 269$ | 10256 | $2^4 * 641$ | 19901 |
| 440897 | $353 * 1249$ | 442496 | $2^7 * 3457$ | 881789 |
| 242 | $2 * 11^2$ | 395 | $5 * 79$ | 479 |
| 6728 | $2^3 * 29^2$ | 13061 | $37 * 353$ | 13451 |

　これらの解を, 横線をもとにブロックに分ける. 第1ブロックの 第1列は 2
べきで, 第2列はその素因数分解. 第2ブロック については次に調べる.

# 4　スーパー完全数の GA 型解

　スーパー完全数 $a$ が2べきの場合はそのパートナー $A$ は素数であり,それらの積 $aA$ は平行移動 $m$ のユークリッド完全数になる.

　次に $a$ が素数の場合を調べる.　パートナーは $A = 2^e q, (q : 素数)$ の他に $2*5^2*13$ となる場合もあるがこれを除外して次の場合を調べる.

　$m = -4$ のとき第2ブロック は $a = p, (p : 素数)$ $A = 2^e q, (q : 素数)$ となっている.

　$a = p$ は G 型, $A = 2^e q$ 　は A 型なのでこのような 形からなる場合は第2ブロック を GA 型と言う.

　スーパー完全数の方程式は, $N = 2^{e+1} - 1$ とおくとき $A = \sigma(a) + m = p - 3 = 2^e q$ および

$$\begin{aligned}
\sigma(A) &= 2p - 4 \\
&= \sigma(2^e q) \\
&= N(q+1) \\
&= Nq + N.
\end{aligned}$$

　これより

$$\begin{aligned}
2p - 4 &= Nq + N \\
&= (2^{e+1} - 1)q + 2^{e+1} - 1 \\
&= 2*2^e q - q + 2^{e+1} - 1.
\end{aligned}$$

よって $p - 3 = 2^e q$ を用いて式を変形し

$$2p - 4 = 2(p-3) + 2 = 2*2^e q + 2 = 2*2^e q - q + 2^{e+1} - 1.$$

これより, $2*2^e q + 2 = 2*2^e q - q + 2^{e+1} - 1.$ 整理して, $q = 2^{e+1} - 3.$

そこで $e$ を動かして $2^{e+1}-3$ が素数 $q$ となる $e$ を探し, その上 $q=2^{e+1}-3$ について $3+2^e q$ が素数 $p$ となるものを探す. (これは無限にあるかもしれないが)

ここでは $e \leq 11$ までで計算した結果を載せる.

表 3.8　　$m=-4$ のとき, $p=3+2^e q$ が素数になる条件

| $e$ | $q$ | $p$ | 素因数分解 | $p-3=2^e q$ |
|---|---|---|---|---|
| 2 | 5 | 23 | 23 | 20 |
| 3 | 13 | 107 | 107 | 104 |
| 4 | 29 | 467 | 467 | 464 |
| 5 | 61 | 1955 | 5*17*23 | 1952 |
| 8 | 509 | 130307 | 130307 | 130304 |
| 9 | 1021 | 522755 | 5*104551 | 522752 |
| 11 | 4093 | 8382467 | 8382467 | 8382464 |

$p$ が素数になるのは, $p=23,107,467,130307,8382467$ の 5 通り.

$p=3+2^e q$ が素数になる条件を与えると有限個になるのは確実のようだ. しかし有限になることの証明ができない.

表 3.9　　$m = -2, -1$ のときのスーパー完全数

| $a$ | 素因数分解 | $A$ | $A$ の素因数分数 | qMer |
|---|---|---|---|---|
| $m = -2$ | | | | |
| 第 1 ブロック | CG 型 | | | |
| 4 | $2^2$ | 5 | 5 | 5 |
| 8 | $2^3$ | 13 | 13 | 13 |
| 16 | $2^4$ | 29 | 29 | 29 |
| 32 | $2^5$ | 61 | 61 | 61 |
| 256 | $2^8$ | 509 | 509 | 509 |
| 512 | $2^9$ | 1021 | 1021 | 1021 |
| 2048 | $2^{11}$ | 4093 | 4093 | 4093 |
| 8192 | $2^{13}$ | 16381 | 16381 | 16381 |
| 第 2 ブロック | GA 型 | | | |
| 7 | 7 | 6 | $2 * 3$ | 11(GA 型) |
| 29 | 29 | 28 | $2^2 * 7$ | 55 |
| 不規則解 | | | | |
| 253 | $11 * 23$ | 286 | $2 * 11 * 13$ | 503 |
| 889 | $7 * 127$ | 1022 | $2 * 7 * 73$ | 1775 |
| 111097 | $7 * 59 * 269$ | 129598 | $2 * 7 * 9257$ | 222191 |
| 178741 | $47 * 3803$ | 182590 | $2 * 5 * 19 * 31^2$ | 357479 |
| 282385 | $5 * 56477$ | 338866 | $2 * 11 * 73 * 211$ | 564767 |
| $m = -1$ | | | | |
| 2 | 2 | 2 | 2 | 2 |

$m = -2$ のとき第 1 ブロック は CA 型からなる. すなわち $a$ は 2 べき.
第 2 ブロック は GA 型からなる.

$m = -1$ のとき 解は 2 となりそうだ.

## 表 3.10　　$m=2$ のときのスーパー完全数

| $m=2$ | | | | |
|---|---|---|---|---|
| $a$ | 素因数分解 | $A$ | $A$ の素因数分数 | qMer |
| 第1ブロック | CG 型 | | | |
| 2 | 2 | 5 | 5 | 5 |
| 8 | $2^3$ | 17 | 17 | 17 |
| 128 | $2^7$ | 257 | 257 | 257 |
| 32768 | $2^{15}$ | 65537 | 65537 | 65537 |
| 第2ブロック | GA 型 | | | |
| 11 | 11 | 14 | $2*7$ | 23 |
| 41 | 41 | 44 | $2^2*11$ | 83 |
| 149 | 149 | 152 | $2^3*19$ | 299 |
| 2141 | 2141 | 2144 | $2^5*67$ | 4283 |
| 第3ブロック | GD 型 | | | |
| 107 | 107 | 110 | $2*5*11$ | 215 |
| 881 | 881 | 884 | $2^2*13*17$ | 1763 |
| 不規則形 | | | | |
| 65 | $5*13$ | 86 | $2*43$ | 131 |
| 959 | $7*137$ | 1106 | $2*7*79$ | 1919 |
| 14363 | $53*271$ | 14690 | $2*5*13*113$ | 28727 |
| 21119 | $7^2*431$ | 24626 | $2*7*1759$ | 42239 |
| 238895 | $5*47779$ | 286682 | $2*11*83*157$ | 477791 |

# 5　GA 型の基本定理

**定理 11.** 平行移動 $m$ のときスーパー完全数 $a$ とそのパートナー $A$ との関係が $a = p$：素数，$A = 2^e q, (q : 素数)$ とする．(**GA 型** という)．

　このとき，$q = 2^{e+1} + 1 + m, p = 2^e q - m - 1.$

Proof

$N = 2^{e+1} - 1$ とおくとき $A = \sigma(a) + m = p + 1 + m = 2^e q$ によって，$p = 2^e q - m - 1.$

条件より $\sigma(A) = 2a + m = 2p + m.$

一方 $\sigma(A) = \sigma(2^e q) = N(q+1) = Nq + N.$

$Nq + N = 2*2^e q - q + 2^{e+1} - 1$ により

$$2p + m = \sigma(A) = Nq + N = 2*2^e q - q + 2^{e+1} - 1$$

$p = 2^e q - m - 1$ によって，$2p = 2*2^e q - 2m - 2.$

$2*2^e q - m - 2 = 2p + m = Nq + N = 2*2^e q - q + 2^{e+1} - 1$ を整理して

$2*2^e q - m - 2 = 2*2^e q - q + 2^{e+1} - 1.$　これを変形し $-m - 2 = 2^{e+1} - 1 - q.$

ゆえに，$q = 2^{e+1} + 1 + m.$

End.

この逆は次の通り．

**命題 12.** 整数 $m$ について素数 $p, q$ は $q = 2^{e+1} + 1 + m, p = 2^e q - m - 1$ を満たすとする．

　そのとき $a = p$：素数とすると $A = \sigma(a) + m, \sigma(A) = 2a + m.$

Proof.

$a = p$：素数とするので $A = \sigma(a) + m$ ,$N = 2^{e+1} - 1$ とおくとき $A = p + 1 + m = 2^e q.$

$$\sigma(A) = \sigma(2^e q)$$
$$= N(q+1)$$
$$= Nq + N$$
$$= 2*2^e q - q + 2^{e+1} - 1$$
$$= 2(p+m+1) - q + 2^{e+1} - 1$$
$$= 2(p+m+1) - q + q - 2 - m$$
$$= 2p + m$$
$$= 2a + m$$

よって, $\sigma(A) = 2a + m$

End

## 6　GA 型解の数値例

A 型解の数値例をパソコンで計算した.

表 3.11 $m$ のスーパー完全数 GA 型解の数値例, $a = p, A = 2^e q$

| $m$ | $e$ | $q$ | $a = p$ | $A = 2^e q$ |
|---|---|---|---|---|
| $-28$ | 4 | 5 | 107 | 80 |
| $-28$ | 6 | 101 | 6491 | 6464 |
| $-28$ | 7 | 229 | 29339 | 29312 |
| $-26$ | 4 | 7 | 137 | 112 |
| $-22$ | 4 | 11 | 197 | 176 |
| $-22$ | 6 | 107 | 6869 | 6848 |
| $-22$ | 8 | 491 | 125717 | 125696 |
| $-22$ | 10 | 2027 | 2075669 | 2075648 |
| $-20$ | 4 | 13 | 227 | 208 |
| $-16$ | 6 | 113 | 7247 | 7232 |
| $-16$ | 9 | 1009 | 516623 | 516608 |
| $-14$ | 3 | 3 | 37 | 24 |
| $-14$ | 4 | 19 | 317 | 304 |
| $-6$ | 2 | 3 | 17 | 12 |
| $-4$ | 2 | 5 | 23 | 20 |
| $-4$ | 3 | 13 | 107 | 104 |
| $-4$ | 4 | 29 | 467 | 464 |
| $-4$ | 8 | 509 | 130307 | 130304 |
| $-4$ | 11 | 4093 | 8382467 | 8382464 |
| $-2$ | 1 | 3 | 7 | 6 |
| $-2$ | 2 | 7 | 29 | 28 |
| $-2$ | 12 | 8191 | 33550337 | 33550336 |
| $-2$ | 18 | 524287 | 137438691329 | 137438691328 |

表3.12 $m$ のスーパー完全数 GA 型解の数値例, $a = p, A = 2^e q$

| $m$ | $e$ | $q$ | $a = p$ | $A = 2^e q$ |
|---|---|---|---|---|
| 2 | 1 | 7 | 11 | 14 |
| 2 | 2 | 11 | 41 | 44 |
| 2 | 3 | 19 | 149 | 152 |
| 2 | 5 | 67 | 2141 | 2144 |
| 4 | 2 | 13 | 47 | 52 |
| 4 | 4 | 37 | 587 | 592 |
| 4 | 10 | 2053 | 2102267 | 2102272 |
| 8 | 1 | 13 | 17 | 26 |
| 8 | 2 | 17 | 59 | 68 |
| 8 | 4 | 41 | 647 | 656 |
| 10 | 4 | 43 | 677 | 688 |
| 10 | 8 | 523 | 133877 | 133888 |
| 11 | 1 | 19 | 23 | 38 |
| 14 | 3 | 31 | 233 | 248 |
| 14 | 7 | 271 | 34673 | 34688 |
| 16 | 32 | 8589934609 | 36893488220433547247 | 36893488220433547264 |
| 20 | 4 | 53 | 827 | 848 |
| 22 | 2 | 31 | 101 | 124 |
| 26 | 3 | 43 | 317 | 344 |
| 28 | 4 | 61 | 947 | 976 |
| 32 | 1 | 37 | 41 | 74 |
| 32 | 2 | 41 | 131 | 164 |
| 32 | 10 | 2081 | 2130911 | 2130944 |
| 34 | 2 | 43 | 137 | 172 |
| 34 | 10 | 2083 | 2132957 | 2132992 |

## 6.1 検証

## 6.2 $m = -4$

$m = -4$ において, 第 2 列にある $e$ を横に記すと, 2,3,4,8,11.

第 3 列にある $q$ を横に記すと, 5,13,29,509,4093,

第 4 列にある $p$ を横に記すと, 23,107,467,130307,8382467.

表 3.13　$m = -4$ のスーパー完全数 GA 型解の数値例, $a = p, A = 2^e q$

| $m$ | $e$ | $q$ | $a = p$ | $A = 2^e q$ |
|---|---|---|---|---|
| $-4$ | 2 | 5 | 23 | 20 |
| $-4$ | 3 | 13 | 107 | 104 |
| $-4$ | 4 | 29 | 467 | 464 |
| $-4$ | 8 | 509 | 130307 | 130304 |
| $-4$ | 11 | 4093 | 8382467 | 8382464 |

これを表 4 にある $m = -4$ のときのスーパー完全数の表と対応する.

表 3.14　　$m = -4$ のとき

| $e$ | $q$ | $p$ | 素因数分解 | $p - 3 = 2^e q$ |
|---|---|---|---|---|
| 2 | 5 | 23 | 23 | 20 |
| 3 | 13 | 107 | 107 | 104 |
| 4 | 29 | 467 | 467 | 464 |
| 5 | 61 | 1955 | 5*17*23 | 1952 |
| 8 | 509 | 130307 | 130307 | 130304 |
| 9 | 1021 | 522755 | 5*104551 | 522752 |
| 11 | 4093 | 8382467 | 8382467 | 8382464 |

# 7　スーパー完全数が無数にある場合

$-200 \leq m \leq 150$ の範囲で調べた結果 $m = -58, -28, -18, -14$ に限って無数の素数に対応した無数の解があることが分かった. これらは非常に多い解なので通常解という.

紙数の関係で $m = -28$ と $m = -18, -14$ の場合を紹介するに留める.

## 7.1 $m = -28$ のときのスーパー完全数

表3.15　$m = -28$, スーパー完全数

| $a$ | 素因数分解 | $A$ | 素因数分解 |
|---|---|---|---|
| 第1ブロック | CG 型 | | |
| 16 | $2^4$ | 3 | 3 |
| 128 | $2^7$ | 227 | 227 |
| 第2ブロック | BB 型 | | |
| 35 | $5*7(7p)$ | 20 | $2^2*5(4q)$ |
| 77 | $7*11$ | 68 | $2^2*17$ |
| 119 | $7*17$ | 116 | $2^2*29$ |
| 161 | $7*23$ | 164 | $2^2*41$ |
| 203 | $7*29$ | 212 | $2^2*53$ |
| 329 | $7*47$ | 356 | $2^2*89$ |
| 371 | $7*53$ | 404 | $2^2*101$ |
| 413 | $7*59$ | 452 | $2^2*113$ |
| 497 | $7*71$ | 548 | $2^2*137$ |
| 623 | $7*89$ | 692 | $2^2*173$ |
| 707 | $7*101$ | 788 | $2^2*197$ |
| 917 | $7*131$ | 1028 | $2^2*257$ |
| 959 | $7*137$ | 1076 | $2^2*269$ |
| 1043 | $7*149$ | 1172 | $2^2*293$ |
| 1253 | $7*179$ | 1412 | $2^2*353$ |
| 不規則形 | | | |
| 107 | 107 | 80 | $2^4*5$（GA 解） |
| 26 | $2*13$ | 14 | $2*7$ |
| 98 | $2*7^2$ | 143 | $11*13$ |

この場合, いろいろなスーパー完全数（解）がある.

- 2 べきの解 $2^7$
- 偶数解だが 2 べきでない解 $26 = 13 * 2, 98 = 2 * 7^2$
- 素数解. 107（このほかに 6491, 29339 も素数解）
- $7p$ の形の解, ここで $p, q = 2p - 5$ はともに素数.

　私はこの結果を見て, 座っていられないほど驚いた. 主な解は $7p, (p$ は素数$)$ の形を持ちしかも無数にある.

　ここでは正規解は $2^e$ の形なのだがそれらは影を潜めて素数の 7 倍と書けるスーパー完全数が威風堂々と出てくる.

　次の定理が成り立つ.

**命題 13.** $m = -28$ に対し, $p$ および $q = 2p - 5$ が素数のとき, $a = 7p$ は平行移動 $-28$ ときのスーパー完全数.

　Proof.

　$m = -28$ のとき $A = \sigma(a) - 28, \sigma(A) = 2a - 28$.

　$a = 7p, (p \neq 7)$ とおくと $A = \sigma(a) - 28 = 8(p + 1) - 28 = 8p - 20 = 4(2p - 5)$.

　ここで, $q = 2p - 5$ は素数とすると, $A = 4q$, $\sigma(a) - 28 = 4q$.

　したがって, $\sigma(4q) = 7q + 7$, $2a + m = 14p - 28 = 7(2p - 4) = 7(q + 1)$.

　よって, $A = \sigma(a) - 28, \sigma(A) = 2a - 28$ が成り立ち $a = 7p$ は平行移動 $-28$ ときのスーパー完全数である.

　　　　　　　　　　　　　　　　　　　　　　　　　　　　　　　　　　End

　命題 3 の逆が, 次の形で成立する.

**命題 14.** $m = -28$ のとき スーパー完全数の解 $a$ が $a = 7L, (L \not\equiv 0 \bmod 7)$ と書けるなら, $L = p, q = 2p - 5$ はともに素数である.

　Proof.

　$a = 7L$ のとき $A = \sigma(a) - 28$ とおくと定義から $\sigma(A) = 14L - 28 = 7(2L - 4)$.

$A = \sigma(a) - 28 = \sigma(7L) - 28 = 8\sigma(L) - 28 = 4(2\sigma(L) - 7).$ $Q = 2\sigma(L) - 7$
とおくとき, $A = 4Q$.

$Q$ は奇数なので, 4 と互いに素. よって, $\sigma(A) = 7\sigma(Q)$.

$$\sigma(A)/7 = \sigma(Q) \geq Q + 1 = 2\sigma(L) - 6 \geq 2L + 2 - 6 = 2L - 4 = \sigma(A)/7.$$

したがってこの不等式において等号は 2 箇所で成り立ち,

$$\sigma(Q) = Q + 1, 2\sigma(L) - 6 = 2L - 4.$$

よって, $\sigma(Q) = Q + 1, \sigma(L) = L + 1$, となり $L, Q$ はともに素数である. さら
に $Q = 2\sigma(L) - 7 = 2L - 5$.

End

命題によれば平行移動 $m = -28$ のスーパー完全数 $a$ が $a = 7p$ の形であれ
ば $p$ および $q = 2p - 5$ がともに素数となり $(p, q)$ は超双子素数である.

超双子素数がごく自然に出てきた点に注意したい.

## 7.2 平行移動 $m = -28$ の完全数

本来, $q = 2^{e+1} - 1 + m$ が素数のとき $a = 2^e$ がスーパー完全数で, $\alpha = aq = 2^e q$ が平行移動 $m$ の完全数である. そこで 平行移動 $m = -28$ のとき $\alpha = 2^e q, (q: 素数)$ の形に書ける解（A 型解とも言う）に限って調べたら次の表ができた. $e = 7, q = 227$ の解 $\alpha = 2^7 * 227$ がある. これの 2 べき $2^7$ がスーパー完全数の例になっている. さらに $a = 2^{103}, a = 2^{211}$ も平行移動 $-28$ のスーパー完全数なのである.

### 表 3.16　$m = -28, q = 2^{e+1} - 1 + m$:素数

| $e$ | $q$ |
| --- | --- |
| 7 | 227 |
| 103 | 2028240960365167042394725128598 |
| 211 | 6582018229284824168619876730229402019930943462534319453394436067 |

## 7.3　$m = -18$ のときのスーパー完全数

　この場合,2 べきの解以外は $a = 27$ と $a = 3p(p \neq 5, p:$ 素数$)$ となるらしい.
さらに $q = 2p - 7$ は素数. したがって, $p, q = 2p - 7$ はともに素数なので $(p, q)$
は超双子素数..

　ここでも $a = 3p$ の形の解が見つかった.

表3.17  $m=-18$ のときのスーパー完全数, $B=\sigma(A)-1$

| $m=-18$ | | | | | |
|---|---|---|---|---|---|
| $a$ | 素因数分解 | $A$ | 素因数分解 | $B=\sigma(A)-1$ | 素因数分解 |
| 第1ブロック | | | | | |
| 16 | $2^4$ | 13 | 13 | 13 | 13 |
| 64 | $2^6$ | 109 | 109 | 109 | 109 |
| 1024 | $2^{10}$ | 2029 | 2029 | 2029 | 2029 |
| 第2ブロック | | | | | |
| $a$ | $3p$ | $A$ | $2q$ | $B$ | |
| 5 | $3*5$ | 6 | $2*3$ | 11 | 11 |
| 21 | $3*7$ | 14 | $2*7$ | 23 | 23 |
| 39 | $3*13$ | 38 | $2*19$ | 59 | 59 |
| 57 | $3*19$ | 62 | $2*31$ | 95 | $5*19$ |
| 111 | $3*37$ | 134 | $2*67$ | 203 | $7*29$ |
| 129 | $3*43$ | 158 | $2*79$ | 239 | 239 |
| 201 | $3*67$ | 254 | $2*127$ | 383 | 383 |
| 219 | $3*73$ | 278 | $2*139$ | 419 | 419 |
| 237 | $3*79$ | 302 | $2*151$ | 455 | $5*7*13$ |
| 309 | $3*103$ | 398 | $2*199$ | 599 | 599 |
| 327 | $3*109$ | 422 | $2*211$ | 635 | $5*127$ |
| 417 | $3*139$ | 542 | $2*271$ | 815 | $5*163$ |
| 471 | $3*157$ | 614 | $2*307$ | 923 | $13*71$ |
| 579 | $3*193$ | 758 | $2*379$ | 1139 | $17*67$ |
| 669 | $3*223$ | 878 | $2*439$ | 1319 | 1319 |
| 831 | $3*277$ | 1094 | $2*547$ | 1643 | $31*53$ |
| 921 | $3*307$ | 1214 | $2*607$ | 1823 | 1823 |
| 939 | $3*313$ | 1238 | $2*619$ | 1859 | $11*13^2$ |
| 1047 | $3*349$ | 1382 | $2*691$ | 2075 | $5^2*83$ |
| 1101 | $3*367$ | 1454 | $2*727$ | 2183 | $37*59$ |
| 27 | $3^3$ | 22 | $2*11$ | 35 | $5*7$ |

　この場合,$a=3p(p：素数)$ の解が多い. ただし, $q=2p-7$ とおくとき $q$ は素数になるのが十分条件. 次の表で $B=\sigma(A)-1$ としている.

　正規解である 2 のべき以外は $3p$ と書ける解のほかに,$3^3=27$ がある. これは擬素数解とみることができよう.

注意．$-18$　だけ平行移動したスーパー完全数は 2 のべき以外は $3p$ と書ける
ことが証明できればうれしい．

次の命題は $a = 3p$ が解になるための十分条件である．

**命題 15.** $m = -18$ に対し，$a = 3p(p \neq 3, p：素数)$ かつ $q = 2p - 7$ が素
数なら $a = 3p$ は解である．

Proof

$m = -18$ に対し，$A = \sigma(a) - 18$ とおくとき $\sigma(A) = 2a - 18$ について $a = 3p, (p \neq 5)$ とおく．

$\sigma(a) - 18 = 4(p+1) - 28 = 4p - 14 = 2(2p - 7)$. ここで，$q = 2p - 7$ は素数
と仮定する．$\sigma(A)) = \sigma(2q) = 3q + 3$.

一方，$2a + m = 6p - 18 = 3(2p - 6) = 3q + 3$. よって，$a = 3p$ は $\sigma(\sigma(a) - 18) = 2a - 18$ を満たす．

End

命題 4 と同様に，この逆が次の形で成立する．

**命題 16.** $m = -18$ のとき $A = \sigma(a) + m, \sigma(A) = 2a + m$ に対して
$a = 3L, (L \neq 0 \bmod 3)$ となるなら，$p = L, q = 2p - 7$ はともに素数で
ある．

Proof.

$a = 3L$ に対して，$A = \sigma(3L) - 18 = 4\sigma(L) - 18 = 2(2\sigma(L) - 9)$ となるので
$Q = 2\sigma(L) - 9$ とおくとき $Q$ は奇数で $A = 2Q, \sigma(A) = 2a - 18 = 6(L - 3)$.

$$\sigma(A) = \sigma(2Q)$$
$$= 3\sigma(Q)$$
$$\geq 3Q + 3$$
$$= 6\sigma(L) - 27 + 3$$
$$= 6\sigma(L) - 24$$
$$\geq 6L + 6 - 24$$
$$= 6(L - 3).$$

$\sigma(A) = 6(L-3)$ はすでに示されているので, すべて不等号が等号になる. したがって $3\sigma(Q) = 3Q + 3$ , $6\sigma(L) - 24 = 6L + 6 - 24$.

$$\sigma(Q) = Q + 1, \sigma(L) = L + 1.$$

よって, $L = p, Q = 2\sigma(L) - 9$ はともに素数になり,
$Q = 2\sigma(L) - 9 = 2L - 7 = 2p - 7$ であり, $(p, Q = 2p - 7)$ は超双子素数.

End

$B = \sigma(A) - 1$ が素数の時, $L = p, B = \sigma(A) - 1 = 6(L - 3) - 1 = 6L - 19 = 6p - 19$ によって, $(p, Q = 2p - 7, B = 6p - 19)$ はウルトラ三つ子素数.

例
$a = 2361 = 3 * 787, p = 787, A = 3134 = 2 * 1567, q = 1567, B = 4703$.
一方, $6p - 19 = 6 * 787 - 19 = 4703$.

## 7.4 $m = -14$ のときのスーパー完全数

この場合の解を調べると次の表のようになる.

表 3.18    平行移動 $m = -14$ のスーパー完全数

| $a$ | 素因数分解 | $A$ | 素因数分解 |
|---|---|---|---|
| $m = -14$ | | | |
| 第 1 | ブロック | | |
| 16 | $2^4$ | 17 | 17 |
| 64 | $2^6$ | 113 | 113 |
| 128 | $2^7$ | 241 | 241 |
| 512 | $2^9$ | 1009 | 1009 |
| 第 2 ブロック | | | |
| 37 | 37 | 24 | $2^3 * 3$ |
| 67 | 67 | 54 | $2 * 3^3$ |
| 43 | 43 | 30 | $2 * 3 * 5$ |
| 79 | 79 | 66 | $2 * 3 * 11$ |
| 127 | 127 | 114 | $2 * 3 * 19$ |
| 151 | 151 | 138 | $2 * 3 * 23$ |
| 199 | 199 | 186 | $2 * 3 * 31$ |
| 271 | 271 | 258 | $2 * 3 * 43$ |
| 331 | 331 | 318 | $2 * 3 * 53$ |
| 367 | 367 | 354 | $2 * 3 * 59$ |
| 379 | 379 | 366 | $2 * 3 * 61$ |
| 439 | 439 | 426 | $2 * 3 * 71$ |
| 487 | 487 | 474 | $2 * 3 * 79$ |
| 第 3 | ブロック | (エイリアン) | |
| 317 | 317 | 304 | $2^4 * 19$ |
| 第 4 | ブロック（半素数） | | |
| 247 | $13 * 19$ | 266 | $2 * 7 * 19$ |

解 $a$ が素数 $p$ になる場合が多い. ただし, $q = (p-13)/6$ とおくとき $q$ が素

数となるような素数 $p$ からなる解が多い. $p = 37, 67, 247, 317$ が例外. なぜ例外が出るかこの理由を考えてみよう.

**命題 17.** $a = p, (p \neq 2, 3, p :$ 素数$)$ とおくと $\sigma(a) - 14 = p - 13$. ここで, $q = (p - 13)/6$ とおくとき $q$ は素数と仮定する. すると $a$ は $A = \sigma(a) - 14, \sigma(A) = 2a - 14$ の解になる.

Proof

$\sigma(A) = 2a - 14$ , $A = 6q, (q :$ 素数$, q \neq 2, 3)$ のとき, $\sigma(6q) = 12q + 12$ になる. よって,

$$\sigma(\sigma(a) - 14) = 12q + 12 = 2p - 26 + 12 = 2a - 14.$$

End

**命題 18.** $a = p, p \neq 2, 3$ とおくと $\sigma(a) - 14 = p - 13$. ここで, $6q = p - 13$. $q$ は素数と仮定する. $a$ は $\sigma(\sigma(a) - 14) = 2a - 14$ の解になる.

Proof

$A = \sigma(a) - 14, \sigma(A) = 2a - 14$ を満たしてかつ $A = 6q$ のとき, $\sigma(6q) = 12q + 12$ になる. よって,

$$\sigma(A) = 12q + 12 = 2p - 26 + 12 = 2a - 14.$$

End

$q$ は素数との仮定は本質的ではない.

これを満たさなくても $\sigma(\sigma(a) - 14) = 2a - 14$ の解になることはある.

- $a = 37, b = a - 13 = 24, b/6 = 4$:素数ではない
- $a = 67, b = a - 13 = 54, b/6 = 9$:素数ではない

実際 $a = 317$ については $b = \sigma(a) - 14 = a - 13 = 304$ は 6 の倍数ではない. しかし $304 = 2^4 * 19$ であって, $620 = \sigma(304)$ となり $2a + m = 2 * 317 - 14 = 620$. これは正しいから 317 は解である.

317 は通常解ではない. 異常な解とみなす事もできる.

$b/6$ が整数にすらならない解 317 は独自の解

# 8　$a = \varpi p$ と書ける解

平行移動 $m = -18$ の スーパー完全数の 解に無数の $3p$ が登場し, $m = -28$ のとき 解に無数の $7p$ が登場した. 同様のことが他にもあるか調べてみよう.

平行移動 $m$ の スーパー完全数の方程式 $A = \sigma(a) + m$ , $\sigma(A) = 2a + m$ を満たす解 $a$ に素数 $p$ の $\varpi$ 倍解 $\varpi p$ が数多くあると仮定する. 定義から $a = \varpi p$ になる.

$\sigma(a) = \sigma(\varpi p) = \sigma(\varpi)(p+1)$ なので $A = \sigma(a) + m = \sigma(\varpi)(p+1) + m$.

ゆえに, $p+1 = \dfrac{A-m}{\sigma(\varpi)}$. 整理して

$$p = \frac{A - m - \sigma(\varpi)}{\sigma(\varpi)}.$$

$\sigma(A) = 2a + m = 2\varpi p + m$ によって, 上の $p$ の式を代入すると

$$\sigma(A) = 2\varpi\left(\frac{A - m - \sigma(\varpi)}{\sigma(\varpi)}\right) + m.$$

整理して

$$\sigma(\varpi)\sigma(A) = 2\varpi(A - m - \sigma(\varpi)) + m\sigma(\varpi).$$

$Z = -2\varpi(m + \sigma(\varpi)) + m\sigma(\varpi)$ とおくと,

$$\sigma(\varpi)\sigma(A) = 2\varpi A + Z.$$

さてこれに B 型解 $A = kQ(Q$:無数の素数$)$ があるとする. ここで $k$ は $Q$ の倍数でない定数.

$\sigma(A) = \sigma(k)Q + \sigma(k)$ により $Q = \dfrac{A}{k}$ を用いると

$$\sigma(A) = \frac{\sigma(k)}{k}A + \sigma(k)$$

および $\sigma(\varpi)\sigma(A) = 2\varpi A + Z$ を変形してえた

$$\sigma(A) = \frac{2\varpi}{\sigma(\varpi)}A + \frac{Z}{\sigma(\varpi)}$$

によって,

$$\frac{\sigma(k)}{k}A + \sigma(k) = \frac{2\varpi}{\sigma(\varpi)}A + \frac{Z}{\sigma(\varpi)}.$$

整理して

$$\left(\frac{\sigma(k)}{k} - \frac{2\varpi}{\sigma(\varpi)}\right)A = \frac{Z}{\sigma(\varpi)} - \sigma(k).$$

ここで $A = kQ$ は無数の値をとるので, 係数と定数項は $0$ になる. ゆえに

$$\frac{\sigma(k)}{k} = \frac{2\varpi}{\sigma(\varpi)}, \sigma(k) = \frac{Z}{\sigma(\varpi)}.$$

よって, $Z = \sigma(k)\sigma(\varpi)$.

$Z = -2\varpi(m + \sigma(\varpi)) + m\sigma(\varpi)$ によって,

$$\sigma(k)\sigma(\varpi) = Z = -2\varpi(m + \sigma(\varpi)) + m\varpi = m(-2\varpi + \sigma(\varpi)) - 2\varpi\sigma(\varpi).$$

## 8.1 $\dfrac{\sigma(k)}{k} = \dfrac{2\varpi}{\sigma(\varpi)}$ の解

$\dfrac{\sigma(k)}{k} = \dfrac{2\varpi}{\sigma(\varpi)}$ を書き直すと,

$$\sigma(k)\sigma(\varpi) = 2k\varpi$$

$\varpi$ を素数と仮定して, $\sigma(k)(\varpi+1)=2k\varpi$ を満たすような　$k,\varpi$ をパソコンで探索した結果次の表ができた.

表 3.19　$\varpi$ は素数

| $k$ | $\sigma(k)$ | $\varpi$ |
|---|---|---|
| 3 | 4 | 2 |
| 2 | 3 | 3 |
| 4 | 7 | 7 |
| 16 | 31 | 31 |

これより, $k=2^e, \sigma(k)=2^{e+1}-1=2k-1$. $\varpi$ はメルセンヌ素数. したがって $\varpi>2$ なら $\varpi=\sigma(k)$.

$\varpi=\sigma(k)=2k-1, \sigma(\varpi)=2k, \sigma(k)(\varpi+1)=(2k-1)*2k$ .

$\sigma(k)\sigma(\varpi)=m(-2\varpi+\sigma(\varpi))-2\varpi\sigma(\varpi)$ を計算すると,

結局

$$(2k-1)k=(1-k)m-2k(2k-1).$$

$m=\dfrac{3k(2k-1)}{k-1}=6k-3+\dfrac{3}{k-1}$. よって, $k-1=1,3$. これより $k=2,4$.

$k=2$ なら, $\varpi=\sigma(k)=2k-1=3, 6=-m-12$. よって, $m=-18$.

$k=4$ なら, $\varpi=\sigma(k)=2k-1=7, 7*4=-3m-8*7$. $m=-28$.

$\varpi$ が素数の場合はまとまった結果が得られた.

**注意** 水谷一による. $\sigma(k)\sigma(\varpi)=2k\varpi$ の解については次の推論ができる.

$k,\varpi$ を互いに素として $\beta=k\varpi$ とおくと, $\sigma(\beta)=\sigma(k)\sigma(\varpi)$ について $\sigma(\beta)=2\beta$ と書けるので, $\beta$ を偶数とすれば 完全数についてのオイラーの定理により $\beta=2^\varepsilon q, q$：素数.

したがって, $k,\varpi$ は $2^\varepsilon, q$ と集合として一致する.

# 第4章

# ウルトラ完全数とメルセンヌ完全数

## 1　ウルトラ完全数

高橋洋翔（2018 年 3 月当時, 小学校 4 年生）は スーパー完全数 をヒントにして次のような新種の完全数を定義した.

$\sigma^3(a) = \sigma(\sigma(\sigma(a)))$ とおく.

$a = 2^e, (q = 2a - 1：素数)$ とし $N = 2^{e+1} - 1$ とおく. すると $\sigma(a) = N = 2a - 1 = q$ は素数なので, $\sigma(q) = q + 1 = 2a$.

$2a = 2^{e+1}$ により　$\sigma(2a) = \sigma(2^{e+1}) = 2^{e+2} - 1 = 4a - 1$ に注目する. $\sigma(q) = q + 1 = 2a$ の 両辺の $\sigma$ を計算する.

$\sigma(a) = q$ と $\sigma(\sigma(q)) = \sigma(2a) = 4a - 1$ とによって

$$\sigma(\sigma(\sigma(a))) = 4a - 1.$$

これを書き直して

$$\sigma^3(a) = 4a - 1.$$

**定義.** $\sigma^3(a) = 4a - 1$ を $a$ を未知数と見てウルトラ完全数の方程式といい, この解 $a$ をウルトラ完全数（ultra perfect number）という.

$a = 2^e, (q = 2a - 1：素数)$ のとき, $a$ はウルトラ完全数になる.

ちなみに, このとき $\alpha = 2^e q = aq$ は元祖完全数.

次の表は $a < 1000000$ について, ウルトラ完全数の定義に基づいてウルトラ完全数 $a$ とその 素因数分解, $q = 2a-1$ および $\alpha = aq$ を計算して得られたものである.

表4.1 ウルトラ完全数

| $a$ | 素因数分解 | $q = 2a-1$ | $\alpha = aq$ |
|---|---|---|---|
| 2 | 2 | 3 | 6 |
| 4 | $2^2$ | 7 | 28 |
| 16 | $2^4$ | 31 | 496 |
| 64 | $2^6$ | 127 | 8128 |
| 4096 | $2^{12}$ | 8191 | 33550336 |
| 65536 | $2^{16}$ | 131071 | 8589869056 |

ここで得られたウルトラ完全数は元祖完全数 ($\sigma(\alpha) = 2\alpha$ の解) の 2 べき部分と完全に合致する. この事実は事前に期待した結果である.

スーパー完全数のときのように, 偶数のウルトラ完全数は完全数の 2 べき部分と一致することが示せるであろうか. できるかもしれないがその証明は困難を極めるであろう.

## 2 ウルトラ完全数の平行移動

$m$ だけ平行移動したウルトラ完全数の概念を導入しよう.

$a = 2^e$ のとき $N = 2^{e+1}-1$ とおくと $\sigma(a) = N = 2a-1$ となる.

$q = 2^{e+1}-1+m(= N+m = 2a-1+m)$ を素数と仮定する.

$a = 2^e$ により, $A = \sigma(a)+m$ とおくとこれは素数 $q$ なので $\sigma(A) = A+1$.

一方, $A+1 = q+1 = 2a+m$ により $\sigma(A) = 2a+m$ を得る.

しかし $B = \sigma(A)-m$ とおくと $\sigma(A) = 2a+m$ により $B = \sigma(A)-m = 2a = 2^{e+1}$.

すると, $\sigma(B) = \sigma(2^{e+1}) = 2^{e+2}-1 = 4a-1$.

以上により, $a = 2^e$ . $2^{e+1}-1+m$ を素数と仮定することにより,

$A = \sigma(a) + m, B = \sigma(A) - m$ とおくと $\sigma(B) = 4a - 1$ が得られた.

## 2.1 $m$ だけ平行移動したウルトラ完全数

そこで, $a = 2^e$ および $2^{e+1} - 1 + m$ を素数と仮定したことは忘れ, 得られた式に着目する.

**定義.** 与えられた定数 $m$ に対し $A = \sigma(a) + m, B = \sigma(A) - m, \sigma(B) = 4a - 1$ を満たす $a, A, B$ を, $m$ だけ平行移動したウルトラ完全数という.

詳しく言うと $a$ を $m$ だけ平行移動したウルトラ完全数, $A, B$ をそのパートナおよびシャドウという.

$m$ だけ平行移動したウルトラ完全数において $a = 2^e$ ならば, パートナー $A$ は素数になると思われるが後で説明するように反例がある.

$m = 0$ なら $m$ だけ平行移動したウルトラ完全数の式は $\sigma^3(a) = 4a - 1$ になりこれが高橋のウルトラ完全数の定義式である.

表4.2　平行移動 $m$ のウルトラ完全数

| $m = -18$ | | | | | |
|---|---|---|---|---|---|
| $a$ | 素因数分解 | $A$ | 素因数分解 | $B$ | 素因数分解 |
| 16 | $2^4$ | 13 | 13 | 32 | $2^5$ |
| 64 | $2^6$ | 109 | 109 | 128 | $2^7$ |
| 91 | $7 * 13$ | 94 | $2 * 47$ | 162 | $2 * 3^4$ |
| 1024 | $2^{10}$ | 2029 | 2029 | 2048 | $2^{11}$ |
| $m = -16$ | | | | | |
| $a$ | 素因数分解 | $A$ | 素因数分解 | $B$ | 素因数分解 |
| 32 | $2^5$ | 47 | 47 | 64 | $2^6$ |
| 128 | $2^7$ | 239 | 239 | 256 | $2^8$ |
| 2048 | $2^{11}$ | 4079 | 4079 | 4096 | $2^{12}$ |
| 1031 | 1031 | 1016 | $2^3 * 127$ | 1936 | $2^4 * 11^2$ |

$m = -18$ のときスーパー完全数は多くの特色を持つがウルトラ完全数では 2 べきでない数 $91 = 7 * 13$ (半素数ともいう) が出た.

$m = -16$ のとき 2 べきでない数として 素数 1031 が出た. わたくしは「なぜ素数が出るの」と問うた. 素数 1031 はこのように答えたかもしれない. 「だってパートナーは $2^3 * 127$ なのだから A 型ですよ」

## 3 ウルトラ完全数 II 型

以上の結果をみると, ウルトラ完全数は扱いが難しいようだ. そこで少し変形したウルトラ完全数 II 型を導入する.

$a = 2^e$ かつ $q = 2a - 1 + m$ は素数を仮定する.

$N = 2^{e+1} - 1$ とおくと, $\sigma(a) = N = 2a - 1 = q - m$ なので $q = \sigma(a) + m$.

$A = \sigma(a) + m$ とおく. ($A = q$:素数, を心得ておく.)

$\sigma(A) = q + 1 = A + 1$ なので, $B = \sigma(A) - 1$ とおく. ($B = q$:素数, を心得ておく.)

$\sigma(B) = q + 1 = 2a + m$.

そこで, $a = 2^e, q = 2a - 1 + m$:素数 の仮定の下で得られた連立式

$A = \sigma(a) + m,\ B = \sigma(A) - 1,\ \sigma(B) = 2a + m$

を満たす $a$ を平行移動 $m$ のウルトラ完全数 II 型という.($a = 2^e$ の仮定をすっかり忘れていることに注意)

$A$ を $a$ のパートナー, $B$ をシャドウという. その上 $qM = 2a - 1 + m$ を疑似メルセンヌ数という.

区別のために前の式で定められたウルトラ完全数を I 型, または高橋のウルトラ完全数とも言う.

ウルトラ完全数 II 型をウルトラ完全数ニュータイプともいう.

このようにして得られたウルトラ完全数 II 型はまったくのご都合主義で得られたもののようであるが研究を積み重ねてみると不思議なほど有用で研究しやすいのである.

実際ウルトラ完全数 II 型において $m = -28, -18, -14, -58$ のときウルトラ三子素数が出てくる. 私はこの事実に出会い心の底から感動した.

# 4 ウルトラ完全数 II 型の基本定理

次の結果はウルトラ完全数 II 型完全数についての基本的結果である．これはオイラーによる完全数についての定理の類似である．その点で興味深い．

**定理 19.** $m = 0$ のとき，ウルトラ完全数 II 型 の数 $a$ を偶数と仮定すれば，$a = 2^e$, かつ $q = 2a - 1$ は素数になり，結果として $\alpha = aq$ は完全数になる．

Proof.
条件から, $A = \sigma(a)$, $B = \sigma(A) - 1$, $\sigma(B) = 2a$ を満たす.

$a$ は偶数なので奇数 $L$ により $a = 2^e L, (e > 0)$ と書ける.

$N = 2^{e+1} - 1$ とおくとき, $N > 1$ で $A = \sigma(a) = \sigma(2^e)\sigma(L) = N\sigma(L)$. とくに $A = N\sigma(L), A > \sigma(L)$.

これより, $N, \sigma(L)$ は $A$ の約数である.

$L > 1$ を仮定する. すると, $\sigma(L) \geq L + 1, A = N\sigma(L) \geq N(L+1)$.

$A$ と $\sigma(L)$ は $A$ の約数, $\sigma(L) \neq A$ により

$$\sigma(A) \geq 1 + \sigma(L) + A.$$

条件式 $\sigma(B) = 2a = 2 * 2^e L = (N+1)L,$ かつ $\sigma(B) \geq B + 1 = \sigma(A)$ によって,

$$\begin{aligned}
\sigma(B) &= (N+1)L \\
&\geq B + 1 \\
&= \sigma(A) \\
&\geq 1 + \sigma(L) + A \\
&\geq 2 + L + N(L+1) \\
&= 2 + N + L(N+1).
\end{aligned}$$

したがって,
$$(N+1)L > 2 + L + N(L+1).$$

これは矛盾. よって, $L = 1, a = 2^e$. ここで次の補題を利用する.

**補題 20.** **ウルトラ完全数 II 型の $a$ が 2 べき, すなわち $a = 2^e$ なら, $A = \sigma(a) + m = 2a - 1 + m$ は素数.**

Proof.

仮定より $A = \sigma(a) + m = 2a - 1 + m$. 定義から $\sigma(B) = 2a + m = A + 1$.

$\sigma(B) = 2a + m \geq B + 1 = \sigma(A) \geq A + 1 = 2a + m$.

よって 2 つの等号が成り立ち, $\sigma(B) = B + 1, \sigma(A) = A + 1$. ゆえに, $B, A$ は素数. とくに $A = 2a - 1 + m$ は素数.

End

この補題により, $q = 2a - 1 + m = 2^{e+1} - 1 + m$ は素数になり $\alpha = aq$ は平行移動 $m$ の完全数になる. とくに $m = 0$ の場合を使うと, $\alpha = aq$ は元祖完全数

# 5　$m=-28$ の ウルトラ完全数 II 型

表4.3　$m=-28$ の ウルトラ完全数 II 型

| $a$ | 素因数分解 | $A$ | 素因数分解 | $B$ | 素因数分解 |
|---|---|---|---|---|---|
| 第1ブロック | CG型 | 素数 | | | |
| 16 | $2^4$ | 3 | 3 | 3 | 3 |
| 128 | $2^7$ | 227 | 227 | 227 | 227 |
| 第2ブロック | BB型 | | | | |
| 35 | $7*5$ | 20 | $2^2*5$ | 41 | 41 |
| 161 | $7*23$ | 164 | $2^2*41$ | 293 | 293 |
| 413 | $7*59$ | 452 | $2^2*113$ | 797 | 797 |
| 623 | $7*89$ | 692 | $2^2*173$ | 1217 | 1217 |
| 959 | $7*137$ | 1076 | $2^2*269$ | 1889 | 1889 |
| 1253 | $7*179$ | 1412 | $2^2*353$ | 2477 | 2477 |
| 1379 | $7*197$ | 1556 | $2^2*389$ | 2729 | 2729 |
| 2681 | $7*383$ | 3044 | $2^2*761$ | 5333 | 5333 |
| 2723 | $7*389$ | 3092 | $2^2*773$ | 5417 | 5417 |
| 3101 | $7*443$ | 3524 | $2^2*881$ | 6173 | 6173 |
| 4151 | $7*593$ | 4724 | $2^2*1181$ | 8273 | 8273 |
| 4319 | $7*617$ | 4916 | $2^2*1229$ | 8609 | 8609 |
| 4529 | $7*647$ | 5156 | $2^2*1289$ | 9029 | 9029 |
| 4781 | $7*683$ | 5444 | $2^2*1361$ | 9533 | 9533 |
| 5033 | $7*719$ | 5732 | $2^2*1433$ | 10037 | 10037 |
| 5999 | $7*857$ | 6836 | $2^2*1709$ | 11969 | 11969 |
| 第3ブロック | GA型 | | | | |
| 6491 | 6491 | 6464 | $2^6*101$ | 12953 | 12953 |
| 不規則形 | | | | | |
| 26 | $2*13$ | 14 | $2*7$ | 23 | 23 |
| 98 | $2*7^2$ | 143 | $11*13$ | 167 | 167 |

完全数 $a$ とそのパートナ $A$ の間には次のような関係がみられる,

$a = 2^e$, $A = q$ になる完全数とそのパートナ, これを CG 型という.

$a = 7p$, $A = 4q$ になる完全数とそのパートナ, これを BB 型 という.

$a = p$, $A = 2^e q$ になる完全数とそのパートナ, これを GA 型という.

$m = -28$ のときの表で第 2 ブロックを見ると 7 の倍数なら $a = 7p$, $A = 4q$ を満たす. ここで $p, q$ は素数で $q = 2p - 5$ を満たす.

**定理 21. $m = -28$ のときのウルトラ完全数 II 型 $a$ は $a = 7h(gcd(7, h) = 1)$ を満たすとすると $h = p$:素数, $A = 4q$. ここで $p, q$ は素数で $q = 2p - 5$ を満たす.**

**$B = \sigma(A) - 1$ は $B = 14p - 29$ となり, かつ素数. $(p, q = 2p - 5, B = 14p - 29)$ はウルトラ三つ子素数.**

Proof

$a = 7h$ を仮定したので, $\sigma(a) = \sigma(7h) = 8\sigma(h)$. $A = \sigma(a) - 28 = 4(2\sigma(h) - 7)$

$R = 2\sigma(h) - 7$ とおくときこれは奇数なので, $A = 4(2\sigma(h) - 7) = 4R$, $\sigma(A) = \sigma(4R) = 7\sigma(R)$.

$A = \sigma(a) - 28$, $B = \sigma(A) - 1$, $\sigma(B) = 2a - 28$ を満たすので,

$B = \sigma(A) - 1 = 7\sigma(R) - 1, \sigma(B) = 2a - 28 = 14h - 28 \geq B + 1 = \sigma(A) = 7\sigma(R)$.

よって, $14h - 28 \geq 7\sigma(R)$. ゆえに $2h - 4 \geq \sigma(R)$.

$R$ の定義により. $R = 2\sigma(h) - 7 \geq 2h + 2 - 7 = 2h - 5 = 2h - 4 - 1 \geq \sigma(R) - 1$ .

かくして, $R \geq \sigma(R) - 1$. 一方, 一般に $\sigma(R) - 1 \geq R$ が成り立つので, $\sigma(R) - 1 = R$.

ゆえに $R$:素数.

$2h - 4 \geq \sigma(R)$ に $R = 2\sigma(h) - 7$ を代入すると $2h - 4 - 1 \geq \sigma(R) - 1 = R = 2\sigma(h) - 7$.

ゆえに $2h - 5 \geq 2\sigma(h) - 7$. よって, $2h \geq 2\sigma(h) - 2; h \geq \sigma(h) - 1 \geq h$.

ここで等号が成り立ち, $2h - 4 = \sigma(R), \sigma(h) - 1 = h$. よって, $h$:素数.

$2h-4=\sigma(R)=R+1$ となり $R=2h-5$.

等号が成り立つので $\sigma(B)=2a-28=14h-28=B+1$. ゆえに $B$:素数.

End

以上により $p=h, q=R=2p-5, B=14h-29=14p-29$ が成り立つので, $(p, q=2p-5, B=14p-29)$ はウルトラ三つ子素数.

このように美しい姿でウルトラ三つ子素数が登場した.

**命題 22.**

$(p, q=2p-5, B=14p-29)$ はウルトラ三つ子素数とする.

次の連立式において, $a=7p$ とおくと,

$A=\sigma(a)-28,\ B=\sigma(A)-1,\ \sigma(B)=2a-28$

を満たす.

Proof

$A=\sigma(a)-28=8(p+1)-28=4(2p-5)=4q.\ \sigma(A)=7(q+1)$.

一方, $2a+m=14p-28=7(2p-4)=7(2p-5+1)=7q+7$. ゆえに, $\sigma(A)=7(q+1)=2a+m$.

End

# 6 $m = -20$ のウルトラ完全数 II 型

表 4.4  ウルトラ完全数 II

| $a$ | 素因数分解 | $A$ | 素因数分解 | $B$ | 素因数分解 |
|---|---|---|---|---|---|
| $m = -20$ | | | | | |
| 第 1 ブロック | CG 型 | | | | |
| 16 | $2^4$ | 11 | 11 | 11 | 11 |
| 32 | $2^5$ | 43 | 43 | 43 | 43 |
| 64 | $2^6$ | 107 | 107 | 107 | 107 |
| 256 | $2^8$ | 491 | 491 | 491 | 491 |
| 1024 | $2^{10}$ | 2027 | 2027 | 2027 | 2027 |
| 4096 | $2^{12}$ | 8171 | 8171 | 8171 | 8171 |
| 8192 | $2^{13}$ | 16363 | 16363 | 16363 | 16363 |
| 第 2 ブロック | GA 型 | | | | |
| 227 | 227 | 208 | $2^4 * 13$ | 433 | 433 |

2 べき以外の解があまりない.

## 6.1 ウルトラ完全数 II 型 , $m=-18$ のとき

表4.5　ウルトラ完全数 II 型

| $a$ | 素因数分解 | $A$ | 素因数分解 | $B$ | 素因数分解 |
|---|---|---|---|---|---|
| $m=-18$ | | | | | |
| 第 1 ブロック | CG 型 | | | | |
| 16 | $2^4$ | 13 | 13 | 13 | 13 |
| 64 | $2^6$ | 109 | 109 | 109 | 109 |
| 1024 | $2^{10}$ | 2029 | 2029 | 2029 | 2029 |
| 第 2 ブロック | BB 型 | | | | |
| 21 | $3*7$ | 14 | $2*7$ | 23 | 23 |
| 39 | $3*13$ | 38 | $2*19$ | 59 | 59 |
| 129 | $3*43$ | 158 | $2*79$ | 239 | 239 |
| 201 | $3*67$ | 254 | $2*127$ | 383 | 383 |
| 219 | $3*73$ | 278 | $2*139$ | 419 | 419 |
| 309 | $3*103$ | 398 | $2*199$ | 599 | 599 |
| 669 | $3*223$ | 878 | $2*439$ | 1319 | 1319 |
| 921 | $3*307$ | 1214 | $2*607$ | 1823 | 1823 |
| 1299 | $3*433$ | 1718 | $2*859$ | 2579 | 2579 |
| 1461 | $3*487$ | 1934 | $2*967$ | 2903 | 2903 |
| 1569 | $3*523$ | 2078 | $2*1039$ | 3119 | 3119 |
| 不規則型 | | | | | |
| 15 | $3*5$ | 6 | $2*3$ | 11 | 11 |
| 29 | 29 | 12 | $2^2*3$ | 27 | $3^3$ |
| 729 | $3^6$ | 1075 | $5^2*43$ | 1363 | $29*47$ |

　$m=-18$ のときの表で第 2 ブロックを見ると $a$ が 3 の倍数なら　$a=3p$, $A=2q$ を満たす. ここで $p,q$ は素数で $q=2p-7$ を満たす.

　$m=-18$ のとき, 解 $a$ は素数 $p$ の 3 倍という仮定を緩めることを試みよう.

**定理 23.** $m = -18$ のとき, 解 $a = 3\rho$ $(3, \rho:$ 互いに素$)$ を満たすとする.

すると $\rho = p$:素数$, q = R = 2\sigma(p) - 9 = 2p - 7, r = B = 3\sigma(R) - 1 = 6p - 19$. $(p, q = 2p - 7, r = 6p - 19)$ はウルトラ三つ子素数

Proof.

$A = \sigma(a) + m = 4\sigma(\rho) - 18 = 2R$ ただし $R = 2\sigma(\rho) - 9$ とした. すると, $R$ は奇数なので $A = 2R$ により $\sigma(A) = 3\sigma(R)$.

$B = \sigma(A) - 1 = 3\sigma(R) - 1$ を用いて

$$\sigma(B) = 2a + m = 6\rho - 18 \geq B + 1 = \sigma(A) = 3\sigma(R).$$

ゆえに $6\rho - 18 \geq 3\sigma(R)$. 3 で割って, $2\rho - 6 \geq \sigma(R) \geq R + 1$.

定義式 $R = 2\sigma(\rho) - 9$ を思い出し

$$2\rho - 6 \geq R + 1 = 2\sigma(\rho) - 8.$$

ゆえに

$$\rho - 3 \geq \sigma(\rho) - 4.$$

よって, $\sigma(\rho) - 1 \geq \rho$.

したがって不等号の箇所はすべて等号成立になりその結果,

$$\sigma(B) = B + 1, \sigma(R) = R + 1, \sigma(\rho) = \rho + 1.$$

$\rho = p$:素数$, q = R = 2\sigma(p) - 9 = 2p - 7, r = B = 3\sigma(R) - 1 = 6p - 19$.

$p, q = 2p - 7, r = 6p - 19$ はウルトラ三つ子素数

End

条件をさらに弱め $a = 3^f \rho, f > 0$ $(3, \rho:$ 互いに素$)$ を満たすと仮定して証明したいが難しい.

**定理 24.** $m = -18$ のとき, $p, q = 2p - 7, r = 6p - 19$ がすべて素数なら $a = 3p$ はウルトラ完全数 II 型 になる.

Proof

$m = -18, a = 3p$ を代入すると,

$A = \sigma(a) + m = 4p + 4 - 18 = 4p - 14 = 2q, q = 2p - 7.$   $q$: 素数, かつ
$r = B = \sigma(A) - 1 = 3q + 2 = 3(2p - 7) + 2 = 6p - 19.$ $r$: 素数と仮定すると,
$\sigma(B) = 6p - 18 = 2a + m.$

End

さらにこの逆が成り立つ.

# 7　$m = -14$ のときのウルトラ完全数 II 型

表 4.6　$m = -14$ のウルトラ完全数 II 型

| $a$ | 素因数分解 | $A$ | 素因数分解 | $B$ | 素因数分解 |
|---|---|---|---|---|---|
| 第 1 | ブロック（$CG$ 型） | | | | |
| 16 | $2^4$ | 17 | 17 | 17 | 17　（CG 型） |
| 64 | $2^6$ | 113 | 113 | 113 | 113 |
| 128 | $2^7$ | 241 | 241 | 241 | 241 |
| 512 | $2^9$ | 1009 | 1009 | 1009 | 1009 |
| 第 2 | ブロック（$GB$ 型） | | | | |
| 43 | 43 | 30 | $2*3*5$ | 71 | 71（GB 型） |
| 127 | 127 | 114 | $2*3*19$ | 239 | 239 |
| 199 | 199 | 186 | $2*3*31$ | 383 | 383 |
| 331 | 331 | 318 | $2*3*53$ | 647 | 647 |
| 367 | 367 | 354 | $2*3*59$ | 719 | 719 |
| 379 | 379 | 366 | $2*3*61$ | 743 | 743 |
| 439 | 439 | 426 | $2*3*71$ | 863 | 863 |
| 619 | 619 | 606 | $2*3*101$ | 1223 | 1223 |
| 691 | 691 | 678 | $2*3*113$ | 1367 | 1367 |
| 919 | 919 | 906 | $2*3*151$ | 1823 | 1823 |
| 1051 | 1051 | 1038 | $2*3*173$ | 2087 | 2087 |
| 1279 | 1279 | 1266 | $2*3*211$ | 2543 | 2543 |
| 1447 | 1447 | 1434 | $2*3*239$ | 2879 | 2879 |
| 1459 | 1459 | 1446 | $2*3*241$ | 2903 | 2903 |
| 不規則型 | | | | | |
| 343 | $7^3$ | 386 | $2*193$ | 581 | $7*83$ |
| 37 | 37 | 24 | $2^3*3$ | 59 | 59（GA 型） |
| 317 | 317 | 304 | $2^4*19$ | 619 | 619 |
| 133 | $7*19$ | 146 | $2*73$ | 221 | $13*17$ |
| 247 | $13*19$ | 266 | $2*7*19$ | 479 | 479 |
| 1027 | $13*79$ | 1106 | $2*7*79$ | 1919 | $19*101$ |

$a = p$: 素数 が $m = -14$ のときのウルトラ完全数 II 型の場合, 次の定理が成り立つ.

**定理 25.** $a = p(p$ : 素数 が $m = -14$ のときのウルトラ完全数 II 型の場合, $A = 6h, (gcd(6, h) = 1)$ と仮定すると, $h = q$ は素数で, $p = 6q + 13, B = 2p - 13$ はウルトラ三つ子素数.

表 4.7  ウルトラ完全数 II 型

| $a$ | 素因数分解 | $A$ | 素因数分解 | $B$ | 素因数分解 |
|---|---|---|---|---|---|
| $m = -26$ | | | | | |
| 16 | $2^4$ | 5 | 5 | 5 | 5 (CG 型) |
| 32 | $2^5$ | 37 | 37 | 37 | 37 |
| 64 | $2^6$ | 101 | 101 | 101 | 101 |
| 128 | $2^7$ | 229 | 229 | 229 | 229 |
| 512 | $2^9$ | 997 | 997 | 997 | 997 |
| 43 | 43 | 18 | $2 * 3^2$ | 38 | $2 * 19$ |
| 22 | $2 * 11$ | 10 | $2 * 5$ | 17 | 17 |
| 133 | $7 * 19$ | 134 | $2 * 67$ | 203 | $7 * 29$ |
| 205 | $5 * 41$ | 226 | $2 * 113$ | 341 | $11 * 31$ |
| 253 | $11 * 23$ | 262 | $2 * 131$ | 395 | $5 * 79$ |
| 943 | $23 * 41$ | 982 | $2 * 491$ | 1475 | $5^2 * 59$ |
| 5893 | $71 * 83$ | 6022 | $2 * 3011$ | 9035 | $5 * 13 * 139$ |
| 469 | $7 * 67$ | 518 | $2 * 7 * 37$ | 911 | 911 |
| 9673 | $17 * 569$ | 10234 | $2 * 7 * 17 * 43$ | 19007 | $83 * 229$ |
| 24205 | $5 * 47 * 103$ | 29926 | $2 * 13 * 1151$ | 48383 | 48383 |
| $m = -24$ | | | | | |
| 16 | $2^4$ | 7 | 7 | 7 | 7 (CG) 型 |
| 64 | $2^6$ | 103 | 103 | 103 | 103 |
| 256 | $2^8$ | 487 | 487 | 487 | 487 |
| 4096 | $2^{12}$ | 8167 | 8167 | 8167 | 8167 |

ウルトラ三つ子素数とウルトラ完全数 II 型との関係がこのように成立した.
この結果は実に大きな勝利とも言える.


## 放射線治療室前のベンチ

　ウルトラ完全数 II 型（ニュータイプ）の発見の端緒は 2018 年 7 月 2 日西
新宿にある大学病院の地下の放射線治療室前のベンチで順番待ちのとき得ら
れた.

　私は担当医師に「放射線治療室前で待っていると数学上の良いアイデアが
次々に浮かぶ. とてもありがたい.」と礼を述べ, 放射線の威力は凄いですね. と
感謝の言葉を述べた.

　毎回（37 回に及んだ）のことであるが 5 分弱の治療が終わった後で, 西国
分寺にある都立多摩図書館に行きそこで考えを整理しまとまった結果が得ら
れた.

　このような研究を行った動機は, 高橋君のスーパー双子素数, ウルトラ三つ
子素数予想を補強することであった.

## 7.1 $m = -14$ のときウルトラ完全数 II 型

表4.8　ウルトラ完全数 II 型

| $m = -14$ | | | | | |
|---|---|---|---|---|---|
| $a$ | 素因数分解 | $A$ | 素因数分解 | $B$ | 素因数分解 |
| 16 | $2^4$ | 17 | 17 | 17 | 17　（CG 型） |
| 64 | $2^6$ | 113 | 113 | 113 | 113 |
| 128 | $2^7$ | 241 | 241 | 241 | 241 |
| 512 | $2^9$ | 1009 | 1009 | 1009 | 1009 |
| 343 | $7^3$ | 386 | $2*193$ | 581 | $7*83$ |
| 37 | 37 | 24 | $2^3*3$ | 59 | 59　（GA 型） |
| 317 | 317 | 304 | $2^4*19$ | 619 | 619 |
| 43 | 43 | 30 | $2*3*5$ | 71 | 71　（GB 型） |
| 127 | 127 | 114 | $2*3*19$ | 239 | 239 |
| 199 | 199 | 186 | $2*3*31$ | 383 | 383 |
| 331 | 331 | 318 | $2*3*53$ | 647 | 647 |
| 367 | 367 | 354 | $2*3*59$ | 719 | 719 |
| 379 | 379 | 366 | $2*3*61$ | 743 | 743 |
| 439 | 439 | 426 | $2*3*71$ | 863 | 863 |
| 619 | 619 | 606 | $2*3*101$ | 1223 | 1223 |
| 691 | 691 | 678 | $2*3*113$ | 1367 | 1367 |
| 919 | 919 | 906 | $2*3*151$ | 1823 | 1823 |
| 1051 | 1051 | 1038 | $2*3*173$ | 2087 | 2087 |
| 1279 | 1279 | 1266 | $2*3*211$ | 2543 | 2543 |
| 1447 | 1447 | 1434 | $2*3*239$ | 2879 | 2879 |
| 1459 | 1459 | 1446 | $2*3*241$ | 2903 | 2903 |
| 133 | $7*19$ | 146 | $2*73$ | 221 | $13*17$ |
| 247 | $13*19$ | 266 | $2*7*19$ | 479 | 479 |
| 1027 | $13*79$ | 1106 | $2*7*79$ | 1919 | $19*101$ |

# 8 $m = -2 - 2\mu$ のとき ($\mu$：完全数)

$m = -14$ での結果は完 $m = -2 - 2\mu$ の場合に一般化される.

$m = -2 - 2\mu$, ($\mu$：完全数) のとき $a = p(p：素数)$ がウルトラ完全数 II 型になるのはどんなときか考える.

条件から $A = \sigma(a) - 2 - 2\mu = p - 1 - 2\mu$, $B = \sigma(A) - 1$ を満たす.

さて, $A = \mu h$ と仮定する. ここで, $h$ と $\mu$ は互いに素.

これより,

$$A = p - 1 - 2\mu = \mu h.$$

よって, $p - 1 = 2\mu + \mu h$.

$\sigma(A) = 2\mu\sigma(h)$ なので $B = \sigma(A) - 1 = 2\mu\sigma(h) - 1$.

$$\sigma(B) = 2a + m = 2p - 2 - 2\mu \geq B + 1 = \sigma(A) = 2\mu\sigma(h).$$

これより,

$$2p - 2 - 2\mu \geq 2\mu\sigma(h); p - 1 - \mu \geq \mu\sigma(h).$$

$p - 1 = 2\mu + \mu h$ を用いて

$$\mu\sigma(h) \leq p - 1 - \mu = \mu(1 + h) \leq \mu\sigma(h).$$

したがって, $1 + h \geq \sigma(h) \geq h + 1$ になりすべてで等号成立.

$$\sigma(h) = h + 1, \sigma(B) = B + 1.$$

$A = p + 1 - 2 - 2\mu = \mu h$ ($h$：素数), $B = 2\mu(h + 1) - 1$ は素数.

まとめて次の結果を得る.

**定理 26.** $A = p + 1 - 2 - 2\mu = \mu h$($h$ と $\mu$ は互いに素) と仮定する.

$h$ と $B = 2\mu(h + 1) - 1$ は素数.

$q = h$ は素数, ($q, p = \mu q + 1 + 2\mu, B = 2\mu(q + 1) - 1$) はウルトラ三つ子素数.

## 8.1 逆定理

$m = -2 - 2\mu, (\mu : 完全数)$ とする.

$a = p$ は素数と仮定しウルトラ完全数 II 型と仮定する. すなわち

$A = \sigma(a) - 2 - 2\mu = p - 1 - 2\mu, B = \sigma(A) - 1, \sigma(B) = 2a + m = 2a - 2 - 2\mu$
を満たすとする.

$A = \mu Q,$ とかけて $Q, \mu$ は互いに素と仮定する. $A = \mu Q = \sigma(a) - 2 - 2\mu = p - 1 - 2\mu$ により $p = \mu Q + 1 + 2\mu.$

$$\sigma(B) \geq B + 1 = \sigma(A) = 2\mu\sigma(Q) \geq 2\mu(Q+1) = 2\mu + 2\mu Q.$$

$p = \mu Q + 1 + 2\mu$ によると $2\mu + 2\mu Q = 2\mu + 2(p - 1 - 2\mu) = 2p - 2 - 2\mu.$

一方, $\sigma(B) = 2p - 2 - 2\mu$ が仮定されているので, 不等号がすべて等号になり, $\sigma(B) = B + 1, \sigma(Q) = Q + 1.$　それゆえ $B = 2\mu\sigma(Q) - 1$ が素数.

# 9　スーパーメルセンヌ完全数

スーパー完全数 の導入 (1969 年) から 50 年後に完全数 $\alpha = 2^e q$ の素数部分 ($q$: メルセンヌ素数という) を取り出すことによりスーパーメルセンヌ完全数の概念ができた. スーパーメルセンヌ完全数を単にメルセンヌ完全数と呼んでも構わない.

さて $a = 2^{e+1} - 1 + m$ が素数のとき $\sigma(a) = a + 1$ となるので $\sigma(a) = a + 1 = 2^{e+1} + m$ になり $A = \sigma(a) - m$ とおくとき $A = 2^{e+1}.$

ゆえに $a + 1 = 2^{e+1} + m$ によって

$$\sigma(A) = 2^{e+2} - 1 = 2 * 2^{e+1} - 1 = 2a - 2m + 1$$

**定義.** $A = \sigma(a) - m$ , $\sigma(A) = 2a - 2m + 1$　を満たす自然数 $a$ と $A$ があるとき $a$ を $m$　だけ平行移動したスーパーメルセンヌ完全数, $A$ をそのパートナーと呼ぶ.

**命題 27. $a$ が素数なら $A$ は 2 べき. 逆も正しい. (ただし概完全数予想を使う)**

表 4.9    メルセンヌ完全数

| $a$ | 素因数分解 | $A$ | 素因数分解 | $B$ | 素因数分解 |
|---|---|---|---|---|---|
| $m = -13$ | | | | | |
| 2 | 2 | 16 | $2^4$ | 30 | $2*3*5$ |
| $m = -12$ | | | | | |
| 3 | 3 | 16 | $2^4$ | 30 | $2*3*5$ |
| 19 | 19 | 32 | $2^5$ | 62 | $2*31$ |
| 499 | 499 | 512 | $2^9$ | 1022 | $2*7*73$ |
| 8179 | 8179 | 8192 | $2^{13}$ | 16382 | $2*8191$ |

表 4.10    スーパーメルセンヌ完全数 $,m = -10, -9, -8, -7$

| $a$ | 素因数分解 | $A$ | 素因数分解 | $B$ | 素因数分解 |
|---|---|---|---|---|---|
| $m = -10$ | | | | | |
| 第 1 ブロック | GC 型 | | | | |
| 5 | 5 | 16 | $2^4$ | 30 | $2*3*5$ |
| 53 | 53 | 64 | $2^6$ | 126 | $2*3^2*7$ |
| 1013 | 1013 | 1024 | $2^{10}$ | 2046 | $2*3*11*31$ |
| 18 | $2*3^2$ | 49 | $7^2$ | 56 | $2^3*7$ |
| $m = -9$ | | | | | |
| 51 | $3*17$ | 81 | $3^4$ | 120 | $2^3*3*5$ |
| 537 | $3*179$ | 729 | $3^6$ | 1092 | $2^2*3*7*13$ |
| 4911 | $3*1637$ | 6561 | $3^8$ | 9840 | $2^4*3*5*41$ |
| 44277 | $3*14759$ | 59049 | $3^{10}$ | 88572 | $2^2*3*11^2*61$ |

　$m = -9$ の場合には $a = 3p, p(\neq 2,3)$：素数, $A = 3^e$ となる解が 4 個ある.
このことはパソコンを用いて確認されている.
　スーパーメルセンヌ完全数は本来の定義に基づけば $m$ が偶数の場合にのみ
考えるべきである.

$m$ が奇数の場合は解が少なくても仕方ないが $m = -9$ の場合には $a = 3p, p(\neq 2,3)$：素数, $A = 3^e$ となる解が 4 個もある実に不思議なことだ.

**命題 28.** $4p + 13 = 3^e$ を満たすとき $a = 3p, (p \neq 2,3)$ は $A = \sigma(a) + 9, \sigma(A) = 2a + 19$ を満たす.

表 4.11　$m = -9$ の解 $a = 3p, A = 3^e$

| $e$ | $a = 3*p$ |
|---|---|
| 4 | $51 = 3*17$ |
| 6 | $537 = 3*179$ |
| 8 | $4911 = 3*1637$ |
| 10 | $44277 = 3*14759$ |
| 12 | $398571 = 3*132857$ |
| 88 | $3*242443432446880900719205485541020203890037$ |

そこで $A = \sigma(a) - m, \sigma(A) = 2a - 2m + 1$ に $m = -9$ を代入すると $A = \sigma(a) + 9, \sigma(A) = 2a + 19$.

これを一般的に解くことは困難である.

解の表をみながら $a = 3p$ と $A = 3^e$ を代入する.

すると $A = \sigma(a) + 9 = 4p + 13 = 3^e$ をえる.

**命題 29.** $4p + 13 = 3^e$ を満たすとき $a = 3p, (p \neq 2,3)$ は $A = \sigma(a) + 9, \sigma(A) = 2a + 19$ を満たす.

Proof.
$A = \sigma(a) + 9 = 4p + 13 = 3^e$, よって $2\sigma(A) = 3^{e+1} - 1$.
End
すなわち $\dfrac{3^e - 13}{4}$ が素数 $p$ になる場合, $a = 3p$ は解である.

**定理 30.** $m = -9$ のスーパーメルセンヌ完全数を $a = 3p$ を仮定すると

**$A = 3^e$ . ただし概完全数仮説を使う.**

Proof.

$a = 3p$ を $A = \sigma(a) + 9, \sigma(A) = 2a + 19$ に代入すると, $A = \sigma(a) + 9 = 4p + 13, \sigma(A) = 2a + 19 = 6p + 19$.

$A - 13 = 4p, \sigma(A) - 19 = 6p$ により $3A - 39 = 12p = 2(\sigma(A) - 19) = 2\sigma(A) - 38$.

これより, $3A - 1 = 2\sigma(A)$. 次の概完全数仮説を使う.

**注意.** 素数 $p$ について $(p-1)\sigma(a) = ap - 1$ が成り立てば $a$ は $p$ のべき.

ただし, $p = 2, 3$ には反例が知られていないが,$a$ が 100 万以下では次の反例がある.

- $p = 5$ のとき $a = 7 * 11$
- $p = 7$ のとき $a = 97783 = 7 * 61 * 229$
- $p = 11$ のとき $a = 611 = 13 * 47$
- $p = 17$ のとき $a = 1073 = 29 * 37$, $a = 2033 = 19 * 107$

スーパーメルセンヌ完全数は $m = -9$ の場合が最高に面白い.

**命題 31. スーパーメルセンヌ完全数において $a = 3p, p(\neq 2, 3)$：素数, $A = 3^e$ なら $m = -9$.**

Proof

$3^e = A = \sigma(a) - m = 4p + 4 - m$, $2\sigma(A) = 3^{e+1} - 1 = 2(2a - 2m + 1) = 2(6p - 2m + 1)$ によって,

$$3^{e+1} = 2(6p - 2m + 1) = 12p - 4m + 3.$$

$3^e = 4p + 4 - m$ を代入して

$3(4p + 4 - m) = 12p - 4m + 3$, これより $m = -9$.

End

# 10　スーパー メルセンヌ完全数 合流型

メルセンヌ完全数は $m = -9$ 以外では面白くないので オイラー関数を用いて少し定義を変更してスーパー メルセンヌ完全数 合流型（Mersenne perfect number of confluent type）というものを考えてみた.

$a = p = \sigma(2^e) + m = 2^{e+1} - 1 + m$ を素数とする. （これはいつものとおり.）

$\sigma(a) = p + 1 = 2^{e+1} + m$ となるので $\sigma(a) - m = 2^{e+1}$.

$A = \sigma(a) - m$ とおくと $A = 2^{e+1}$.

ここで $\sigma(A) = 2^{e+2} - 1$ としないでオイラー関数を用いて $\varphi(A) = 2^e$, $a + 1 - m = 2^{e+1}$ を使うと, $2\varphi(A) = 2^{e+1} = a - m + 1$.

そこで得られた式

$A = \sigma(a) - m$ と $2\varphi(A) = a - m + 1$

を スーパーメルセンヌ完全数合流型 $a$ の連立定義式, その解をスーパーメルセンヌ完全数合流型という.

$A$ をそのパートナー, $B = \varphi(A) + 1$ をシャドウという.

**命題 32. $a$ が素数になる必要十分条件は $A = 2^e$.**

Proof.

定義式

$A = \sigma(a) - m$ , $2\varphi(A) = a - m + 1$

辺々を引くと

$$A - 2\varphi(A) = \sigma(a) - a - 1.$$

$a$ が素数になるなら $\sigma(a) - a - 1 = 0$. よって $A - 2\varphi(A) = 0$.

概完全数予想を使うと逆が示せる.

End

# 11　スーパーメルセンヌ完全数 合流型 の計算例

表 4.12　スーパーメルセンヌ完全数 合流型

| $a$ | 素因数分解 | $A$ | 素因数分解 | $B$ | 素因数分解 |
|---|---|---|---|---|---|
| $m = -1$ | | | | | |
| 2 | 2 | 4 | $2^2$ | 3 | 3 |
| $m = 0$ | | | | | |
| 3 | 3 | 4 | $2^2$ | 3 | 3 |
| 7 | 7 | 8 | $2^3$ | 5 | 5 |
| 31 | 31 | 32 | $2^5$ | 17 | 17 |
| 127 | 127 | 128 | $2^7$ | 65 | $5*13$ |
| 8191 | 8191 | 8192 | $2^{13}$ | 4097 | $17*241$ |
| 131071 | 131071 | 131072 | $2^{17}$ | 65537 | 65537 |
| 524287 | 524287 | 524288 | $2^{19}$ | 262145 | $5*13*37*109$ |
| 15 | $3*5$ | 24 | $2^3*3$ | 9 | $3^2$ |
| 1023 | $3*11*31$ | 1536 | $2^9*3$ | 513 | $3^3*19$ |
| 147455 | $5*7*11*383$ | 221184 | $2^{13}*3^3$ | 73729 | $17*4337$ |

　$m = 0$ のとき解 $a$ には（元祖）メルセンヌ素数が並ぶ.

　解がこれしかないなら，ここでもオイラーの定理（偶数完全数はユークリッド型完全数）の類似が成り立つ，と言えてすばらしい成果と言えたはずである. しかし，そうは問屋が卸さなかった. それ以外の解が複数個でてきた. そしてそれらのパートナーは $2^e*3^f$ の形をしている.

　これが一般にも成り立つかどうかはわからない. しかしこれを研究の手がかりとして解とそのパートナーについて $a = 3m, A = 2^e*3^f$ を仮定して調べることにする.

　さらに $(3, m)$ は互いに素と仮定する.

$$A = \sigma(a) = 4\sigma(m) = 2^e*3^f, 2\varphi(A) = a+1 = 3m+1, 2\varphi(A) = 2^{e+1}3^{f-1}.$$

これより $2^{e+1}3^{f-1} = 3m+1$ を得た.

先に進むためにさらに次の仮定をする.


i. $m = p$:奇素数.

$4(p+1) = 2^e * 3^f, 2^{e+1}3^{f-1} = 3p+1$ がえられた. 次のように計算する.

$p+1 = 2^{e-2} * 3^f$ により $2^{e+1}3^{f-1} = 3p+1 = 2^{e-2} * 3^{f+1} - 2$.

ゆえに $2^e 3^{f-1} = 2^{e-3} * 3^{f+1} - 1$. $1 = 2^{e-3} * 3^{f+1} - 2^e 3^{f-1}$.

これより, $e = 3, f = 1$. すなわち, $A = 8 * 3 = 24. p+1 = 2^{e-2} * 3^f = 6$. よって, $p = 5, a = 15$.


$\tilde{p} = p+1, \tilde{r} = r+1$ を以下で用いる. ii. $m = pr$:$(p > r)$ : 奇素数.

$A = \sigma(a) = 4\sigma(m) = 2^e * 3^f = 4\widetilde{pr}$,

ここで $\tilde{p} = p+1, \tilde{r} = r+1$ とおきさらに $\Delta = p+r$ とすると, $\widetilde{pr} = m+\Delta+1$.

$2^e * 3^f = 4\widetilde{pr}, 2\varphi(A) = 2\varphi(2^e * 3^f) = 2^{e+1} * 3^{f-1}$.

$2^{e+1} * 3^{f-1} = 2\varphi(A) = a+1 = 3m+1$ を 3 倍して

$$2^{e+1} * 3^f = 3(3m+1), 2^{e+1} * 3^f = 2 * 2^e * 3^f = 8\widetilde{pr} = 8(m+\Delta+1).$$

$3(3m+1) = 9m+3 = 8(m+\Delta+1)$ によって, $m = 8\Delta+5$.

$p_0 = p-8, r_0 = r-8$ とおくと, $p_0 r_0 = m-8\Delta+64$.

$m-8\Delta = 5$ を代入して, $p_0 r_0 = m-8\Delta+64 = 69$.

$69 = 23 * 3$ と分解すると, 対応して $p_0 = 23, r_0 = 3$. $p = 31, r = 11, m = pr, a = 3m = 3 * 11 * 31$.

$69 = 69 * 1$ と分解すると $r_0 = 1$ なので $r = 9$. 素数の仮定に反する.


iii. $a = 3m, m = prs$:$(p > r > s)$ : 奇素数, の解は多分ない.

$a = 5m, m = prs$:$(p > r > s > 5)$ : 奇素数, の解を探すのは大変であろう. ここで中止の止むなきに至った.

表 4.13 スーパーメルセンヌ完全数 合流型

| $a$ | 素因数分解 | $A$ | 素因数分解 | $B$ | 素因数分解 |
|---|---|---|---|---|---|
| $m = 1$ | | | | | |
| 2 | 2 | 2 | 2 | 2 | 2 |
| 4 | $2^2$ | 6 | $2*3$ | 3 | 3 |
| 16 | $2^4$ | 30 | $2*3*5$ | 9 | $3^2$ |
| 256 | $2^8$ | 510 | $2*3*5*17$ | 129 | $3*43$ |
| 65536 | $2^{16}$ | 131070 | $2*3*5*17*257$ | 32769 | $3^2*11*331$ |
| $m = 2$ | | | | | |
| 3 | 3 | 2 | 2 | 2 | 2 |
| 5 | 5 | 4 | $2^2$ | 3 | 3 |
| 17 | 17 | 16 | $2^4$ | 9 | $3^2$ |
| 257 | 257 | 256 | $2^8$ | 129 | $3*43$ |
| 65537 | 65537 | 65536 | $2^{16}$ | 32769 | $3^2*11*331$ |
| 265 | $5*53$ | 322 | $2*7*23$ | 133 | $7*19$ |
| 1969 | $11*179$ | 2158 | $2*13*83$ | 985 | $5*197$ |
| 32001 | $3*10667$ | 42670 | $2*5*17*251$ | 16001 | 16001 |
| 70513 | $107*659$ | 71278 | $2*157*227$ | 35257 | 35257 |

$m = 1$ の場合は $A = \sigma(a) - m = \sigma(a) - 1, 2\varphi(A) = a - m + 1 = a$.

計算結果の表によると $a$ は素数ではなく 2 べきが出ている. 本来,$a$ は素数でパートナが 2 のべきあるはずで, 一種の逆転が起きている.

実際, $a = 2^e, e = 1, 2, 4, 8, 16$ となり, パートナーは 2 べきではなく $A = 2*3*5*17*257$ などであり, 2 に続いてフェルマー素数が順に並んだ積となる.

これには感嘆せざるを得ない.

このことの証明は出来そうだが執筆時点ではうまく行かない. そこで卑怯な手を使う.

$a = 2^e, (e \geq 2)$ を仮定する.

$A = \sigma(a) - 1 = 2 * (2^e - 1)$ なので, $M = 2^e - 1$ とおく.

$A = 2M, M$ : 奇数, により $2\varphi(A) = 2\varphi(2M) = 2\varphi(M) = a = 2^e = M + 1$.
これより, $M = 2\varphi(M) - 1$.

$M$ は平方数を含まないので, 奇素数 $p, q, r, \cdots$ について, $M = pqr \cdots$ などとおいて計算すれば, フェルマー素数が順に並んだ積となることがわかるであろう.

## 12　怪獣のような完全数

$m = 3$ のときスーパーメルセンヌ完全数 合流型を考える.

表4.14　スーパーメルセンヌ完全数 合流型

| $a$ | 素因数分解 | $A$ | 素因数分解 | $B$ | 素因数分解 |
|---|---|---|---|---|---|
| $m = 3$ | | | | | |
| 2 | 2 | 0 | 0 | 1 | 1 |
| 50 | $2 * 5^2$ | 90 | $2 * 3^2 * 5$ | 25 | $5^2$ |
| 98 | $2 * 7^2$ | 168 | $2^3 * 3 * 7$ | 49 | $7^2$ |
| 242 | $2 * 11^2$ | 396 | $2^2 * 3^2 * 11$ | 121 | $11^2$ |
| 578 | $2 * 17^2$ | 918 | $2 * 3^3 * 17$ | 289 | $17^2$ |
| 1058 | $2 * 23^2$ | 1656 | $2^3 * 3^2 * 23$ | 529 | $23^2$ |
| 1922 | $2 * 31^2$ | 2976 | $2^5 * 3 * 31$ | 961 | $31^2$ |
| 4418 | $2 * 47^2$ | 6768 | $2^4 * 3^2 * 47$ | 2209 | $47^2$ |
| 5618 | $2 * 53^2$ | 8586 | $2 * 3^4 * 53$ | 2809 | $53^2$ |
| 10082 | $2 * 71^2$ | 15336 | $2^3 * 3^3 * 71$ | 5041 | $71^2$ |
| 22898 | $2 * 107^2$ | 34668 | $2^2 * 3^4 * 107$ | 11449 | $107^2$ |
| 32258 | $2 * 127^2$ | 48768 | $2^7 * 3 * 127$ | 16129 | $127^2$ |
| 72962 | $2 * 191^2$ | 110016 | $2^6 * 3^2 * 191$ | 36481 | $191^2$ |
| 293378 | $2 * 383^2$ | 441216 | $2^7 * 3^2 * 383$ | 146689 | $383^2$ |

$m=3$ のとき スーパーメルセンヌ完全数 合流型は見事なまでに美しい世界をみせてくれる.

$B=\varphi(A)+1$ によって, $a=2*p^2,(p:\text{素数}),\ B=p^2,(p:\text{素数})$ となっている.

平方を与える印が怪獣の頭から尾までつづく数多くの板を連想させる. しかもこれらの板には $a,B$ の 2 系列がある. すばらしい!. スーパーメルセンヌ完全数 合流型の中に怪獣のようなものを発見できた.

**定理 33.** $m=3$ **のとき 解は** $a=2*p^2,(p:\text{素数})$ **を仮定すると,**
$p=2^e3^f-1,\ A=3p(p+1)=2^e3^{f+1}p,B=p^2$ **と書ける.**

Proof.

$m=3$ のとき 定義式は $A=\sigma(a)-m=\sigma(a)-3,2\varphi(A)=a-m+1=a-2$.

$a=2*p^2$ により $A=\sigma(a)-3=3p(p+1)$. $p+1$ は $p$ で割れない偶数なので, $p+1=2^e3^fR,(R$ は,2,3,$p$ で割れないとする).

$A=3p(p+1)=2^e3^{f+1}pR$ なので

$$2\varphi(A)=2^{e+1}3^f(p-1)\varphi(R)=2p^2-2=2(p+1)(p-1).$$

$p+1=2^e3^fR$ を代入して

$$2^{e+1}3^f(p-1)\varphi(R)=2(p+1)(p-1)=2(p-1)2^e3^fR.$$

よって, $\varphi(R)=R$. したがって, $R=1,p+1=2^e3^f,A=2^e3^{f+1}p$ .

$X=2^e3^f$ とおくとき $p+1=2^e3^f=X$. よって,

$p=2^e3^f-1,B=\varphi(A)+1=2^e3^f\overline{p}+1=X\overline{p}+1=X(X-2)+1=(X-1)^2=p^2$

End

逆に, $X=2^e3^f$ とおくとき $p=X-1$ が素数と仮定すると, $a=2*p^2$ は $A=\sigma(a)-m=\sigma(a)-3,2\varphi(A)=a-m+1=a-2$.

実際, $A=\sigma(a)-3=3p(p+1)=2^e3^{f+1}p$ なので, $2\varphi(A)=2^{e+1}3^f(p-1)=2X(p-1)$.

$a-2=2(p^2-1)=2(p+1)(p-1)=2X(p-1)$, により, $2\varphi(A)=a-m+1=a-2$.

$e, f$（ともに正）を動かして $p=2^e3^f-1$ と書ける素数が無限にあれば面白いのだが, 証明できる可能性はほとんど無いであろう.

# 第5章

# スーパー完全数とスーパー双子素数

## 1 スーパー双子素数

平成 30 年 3 月 8 日（木）に行われた『完全数の新しい世界』の出版記念会で提出した問題は次の2つであった.

与えられた 整数 $(a>0,b)$ に対して, $p=aq+b$ とおくとき $p,q$ がともに素数なら $(p,q)$ を $a,b$ に関しての 超（スーパー）双子素数という.

1. 超双子素数が無限にある $a,b$ はどんな条件を満たすか
2. 超双子素数が有限個の $a,b$ は存在するか
3. 与えられた $(a>0,b)$ に対して超双子素数を無限に生成する方程式 $(\sigma(a),\varphi(a)$ を用いてよい）を作れ

### 1.1 ウルトラ3つ子素数

与えられた , 整数 $(a>0,c>0,b,d)$ に対して $p=aq+b, r=cq+d$ とおくとき $p,q,r$ がすべて素数なら $(p,q,r)$ を $a,b,c,d$ に関してのウルトラ3つ子素数という.

- ウルトラ3つ子素数が無限にある $a,b,c,d$ はどんな条件を満たすか
- ウルトラ3つ子素数が有限個の $a,b,c,d$ は存在するか
- 与えられた $(a,b,c,d)$ に対して超双子素数を無限に生成する方程式 $(\sigma(a),\varphi(a)$ を用いてよい）を作れ

高橋洋翔は数日後次の解答を寄せた.

1.1　(i) $a+b \equiv 1 \mod 2$, (ii) $a,b$ は互いに素

2.1　(i) $a+b \equiv 1 \mod 2$, (ii) $a,b$ は互いに素, (iii) $c+d \equiv 1 \mod 2$, $(iv)\, c,d$ は互いに素.

ただし $b \not\equiv 0 \mod 3$：（水谷一による修正）

**注意** 水谷一, 除外条件の精密化.

$ac \equiv -bd \not\equiv 0 \mod 3$ を満たすときウルトラ三つ子素数は有限個（ただ 1 つ）.

以前から双子素数は無限にあるという予想に関心のあった高橋はこれらの条件を満たすときスーパー双子素数（$p,q \geq 3$ とする）やウルトラ三つ子素数は無限にあるのではないか, という予想を述べた.

2018 年にお台場の TFT ホールで開かれた日本数学教育学会 100 周年記念企画として開かれた研究発表会でポスター発表として一般向けに発表された.

その後, 高橋は Hardy Littlewood による双子素数の個数の近似公式を参考にしてスーパー双子素数やウルトラ三つ子素数の個数の定積分による近似公式を作成した. これは別の論文（高橋洋翔: スーパ双子素数とウルトラ三つ子素数の分布予想）で発表される.

**注意.** Riebenboim [10] p196 に次の予想が書かれていることを 2018 年 12 月に都立図書館で知った. 高橋洋翔の与えた条件とは少し異なる.

$a$ と $b$ を $a \geq 1, b \neq 0, gcd(a,b) = 1$ となる整数とする. このとき $ap+b$ が素数となる無限に多くの素数 $p$ が存在する.

スーパー双子素数やウルトラ三つ子素数は無限にあるという予想は, 双子素数の問題の単なる一般化であるだけはなくスーパー完全数を $m$ だけ平行移動したとき, スーパー双子素数やウルトラ三つ子素数が自然な形で登場するところに意義深さがある.

そこでここでは完全数, スーパー完全数, それらの平行移動から説明する.

スーパー双子素数の個数の積分による近似公式は $C \int_2^x \dfrac{dt}{\log(t) \log(at+b)}, C$ は高橋の論文参照.

**表 5.1** スーパー双子素数 $p, q = 3p + 10$ の実際の個数と積分による近似公式の結果

| $p \leq x$ | 個数の近似公式 | 実際の個数 E | 差 D | D/E*10000 |
|---|---|---|---|---|
| 1,000 | 96 | 79 | 17 | 2,091 |
| 10,000 | 492 | 472 | 20 | 430 |
| 100,000 | 2,993 | 2,941 | 52 | 176 |
| 500,000 | 11,275 | 11,183 | 92 | 81 |
| 1,000,000 | 20,201 | 20,210 | (9) | (5) |
| 2,000,000 | 36,411 | 36,359 | 52 | 14 |
| 5,000,000 | 79,984 | 79,869 | 115 | 14 |
| 10,000,000 | 145,850 | 145,758 | 92 | 6 |

$(9)$ は $-9, (5)$ は $-5$.

200 万,500 万,1000 万までの場合は飯高による計算

100 万での補正後数値は高橋では 20203

100 万を超えてからの数値は驚異的な精度になる点に注意したい.

## 2 完全数の $m$ だけ平行移動

完全数の定義は周知ではあるが最初から説明する. $a$ の約数の和を $\sigma(a)$ で示す.

$\sigma(a) = 2a$ のとき $a$ を完全数という. $6, 28, 496, 8128,$ はその例

エウクレイデス (ユークリッド) の原論の最後の主張は $q = 2^{e+1} - 1$ が素数なら $a = 2^e q$ が完全数になるということである.

パラメータ $m$ を取り $m$ だけ平行移動した狭義の完全数 $\alpha$ を次のように導入する. $q = 2^{e+1} - 1 + m$ が素数になる $e$ によって $\alpha = 2^e q$ と書けるとき. $\alpha$ を $m$ だけ平行移動した狭義の完全数という.

$a = 2^e$ および $N = 2^{e+1} - 1$ とおくと, $N = \sigma(a) = 2a - 1$, $q = N + m = \sigma(a) + m, q + 1 = 2a + m$ を満たす.

$Nq = (2a - 1)q = 2\alpha - q, N - q = -m$ に注意して

$$
\begin{aligned}
\sigma(\alpha) &= \sigma(2^e)\sigma(q) \\
&= Nq + N \\
&= 2\alpha - q + N \\
&= 2\alpha - m.
\end{aligned}
$$

かくしてできた $\sigma(\alpha) = 2\alpha - m$ を $\alpha$ を未知数とみることにして平行移動 $m$ の完全数の方程式とみなす.

この自然数解 $\alpha$ を平行移動 $m$ の（広義）完全数 (perfect number with translation parameter $m$) という.

平行移動を考えることにより研究すべき完全数が飛躍的に増え豊富な結果が得られるようになった.

$m = 0$ の場合は $\alpha$ が偶数なら $\alpha = 2^e q (q = 2^{e+1} - 1$ が素数) と書けることをオイラーが 1747 年に示した.

与えられた $m$ に対し平行移動 $m$ の（広義）完全数を決定することはどの $m$ についてもできていない.

# 3 スーパー完全数

$\sigma^2(a) = \sigma(\sigma(a))$ と定義する.

$\sigma^2(a) = 2a$ を満たす $a$ をスーパー完全数 (Superperfect numbers) と呼ぶ. これは D.Suryanaryana により 1969 年に導入された概念である. ([7])

偶数スーパー完全数は 2 のべき, すなわち $a = 2^e$ となることも 彼により示

された．しかも，このとき,$q = 2^{e+1} - 1$ は素数になり，$\alpha = 2^e q$ はユークリッドの完全数である．

これは著しい結果である．実際，パソコンで計算してみても，次に見ると分かるとおり奇数スーパー完全数は見つからない．

表5.2　$\sigma^2(a) = 2a, (a < 10,000,000)$ のとき（スーパー完全数）

| $a$ | 素因数分解 | $q = 2a - 1$ | $q$ の素因数分解 |
|---|---|---|---|
| 2 | 2 | 3 | 3 |
| 4 | $2^2$ | 7 | 7 |
| 16 | $2^4$ | 31 | 31 |
| 64 | $2^6$ | 127 | 127 |
| 4096 | $2^{12}$ | 8191 | 8191 |
| 65536 | $2^{16}$ | 131071 | 131071 |

## 4　スーパー完全数の一般化

Wikipedia の Superperfect numbers の項にはスーパー完全数の一般化が出ている．

$\sigma^2(a)$ を一般にして $m$ 回 $\sigma(a)$ を合成した関数を考え $\sigma^m(a)$ とおく．

$\sigma^m(a) = 2a$ をスーパー完全数の一般化と考え，$m-$ スーパー完全数と言う．しかし $m \geq 3$ のとき偶数の解は存在しない．

一般に $k \geq 3$ について $\sigma(a) = ka$ を満たす解を $k$ 倍積完全数と言う．

そこで $\sigma^m(a) = ka$ を満たす解を $(m, k)$ スーパー完全数と言う．

表5.3　$\sigma^3(a) = ka - 1$ のとき（スーパー完全数）

| $a$ | 素因数分解 |
|---|---|
| $k = 4$ | 完全数の 2 べき部分 * |
| 2 | 2 |
| 4 | $2^2$ |
| 16 | $2^4$ |
| 64 | $2^6$ |
| 4096 | $2^{12}$ |
| $k = 5$ | |
| 21 | $3 * 7$ |
| $k = 7$ | |
| 223 | 223 |
| $k = 8$ | |
| 905 | $5 * 181$ |
| $k = 11$ | |
| 632 | $2^3 * 79$ |

* 高橋洋翔による（ここは面白そう）

$k = 4$ なら定義式は $\sigma^3(a) = 4a - 1$ となる．この解をウルトラ完全数という．

**定理 34**（D.Suryanaryana）．　$\sigma^2(a) = 2a$ の解 $a$ は偶数と仮定すると，完全数の 2 べき部分となる．

**命題 35.** $\sigma^3(a) = 2a$ の解 $a$ は偶数と仮定すると，矛盾する．

解 $a$ は偶数と仮定すると $k \geq 3, \sigma^k(a) = 2a$ から矛盾が出ることは容易にわかる．

## 5 別の考え

Suryanaryana により導入されたスーパー完全数 は意外にも発展した. しかし $k \geq 3$ のときに $\sigma^k(a) = 2a$ を満たす $a$ を考えるという行き方はどうだろう. 発想が貧困に過ぎるように思う. ここでは別の考えをとろう.

スーパー完全数の定義に戻り $2a$ がなぜ出てくるか考えてみよう. その理由は $a = 2^e$ とすると $\sigma(a) = 2a - 1$ ということにある.

そこで $a = 3^e$ とすると $2\sigma(a) = 3a - 1$ なので, ここに注目し $q = \sigma(a) + m$ : 素数と仮定する.

$q = \sigma(a) + m = \dfrac{3a-1}{2} + m$, によって $q + 1 = \dfrac{3a+1}{2} + m$ となることに着目し $A = \sigma(a) + m$ とおく.

すると $\sigma(A) = q + 1 = \dfrac{3a+1}{2} + m$.

そこで $2(\sigma(A) - m) = 3a + 1$ を書き直して

$$2\sigma(A) = 3a + 2m + 1.$$

これは見かけのよい式である. ついでにこれを次のように一般化しておく.

## 6 平行移動 $m$ , 素数 $P$ を 底とするスーパー完全数

底を素数 $P$ とし, 平行移動 $m$ の スーパー完全数の定義は次の通り.

指数 $e$ について, $a = P^e$ とおいて, 平行移動のパラメタを $m$ とするとき $q = \sigma(a) + m$ を素数と仮定する. したがって $\sigma(q) = q + 1$ となる.

あらためて, $A = \sigma(a) + m$ とおき, $\sigma(A) = q + 1$ に注目する.

$\overline{P} = P - 1, W = P^{e+1} - 1$ とおくとき, $q - m = \sigma(a) = \dfrac{W}{\overline{P}}$ になり,

$$\sigma(A) = q + 1 = \frac{W}{\overline{P}} + 1 + m = \frac{W + \overline{P}(1+m)}{\overline{P}} = \frac{P^{e+1} + P - 2 + m\overline{P}}{\overline{P}}.$$

これより
$$\overline{P}\sigma(A) = aP + P - 2 + m\overline{P}.$$

**定義.** $A=\sigma(a)+m, \overline{P}\sigma(A)=aP+P-2+m\overline{P}$ を $m$ だけ平行移動した素数 $P$ を底とする平行移動 $m$ のスーパー完全数の連立方程式, その解を 平行移動 $m$, 素数 $P$ を底とするスーパー完全数という.

$A$ はスーパー完全数 $a$ のパートナーと呼ばれる.

**補題 36.** $P$ を底とする平行移動 $m$ のスーパー完全数 $a$ が $a=P^e$ と書けるときパートナー $A$ は素数になる.

Proof.

$a=P^e$ として $\overline{P}=P-1, W=P^{e+1}-1$ とおくとき,

$A=\sigma(a)+m=\dfrac{W}{\overline{P}}+m.$

定義式 $\overline{P}\sigma(A)=aP+P-2+m\overline{P}$ を $\overline{P}$ で割ると

$$\sigma(A)=\frac{W+(m+1)\overline{P}}{\overline{P}}=\frac{W}{\overline{P}}+m+1.$$

$A=\sigma(a)+m=\dfrac{W}{\overline{P}}+m$ により $\dfrac{W}{\overline{P}}+m+1=A+1$ が成り立つので, $\sigma(A)=A+1$. よって $A$ は素数.

End.

# 7　$P=3$ のスーパー 完全数の例

$P=3$ のときは

$$A=\sigma(a)+m, 2\sigma(A)=3a+1+2m.$$

表5.4 $P = 3, m = -2$: スーパー 完全数

| $a$ | 素因数分解 | $A$ | 素因数分解 |
|:---:|:---:|:---:|:---:|
| 3 | 3 | 2 | 2 |
| 9 | $3^2$ | 11 | 11 |
| 49 | $7^2$ | 55 | 5*11 |
| 729 | $3^6$ | 1091 | 1091 |
| 6561 | $3^8$ | 9839 | 9839 |

解 $a$ は $7^2$ を除くと 3 べきかもしれない.

表5.5 $P = 3, m = 0$: スーパー 完全数

| $a$ | 素因数分解 | $A$ | 素因数分解 |
|:---:|:---:|:---:|:---:|
| 9 | $3^2$ | 13 | 13 |
| 729 | $3^6$ | 1003 | 1003 |
| 531441 | $3^{12}$ | 797161 | 797161 |

解は 3 べきだけかもしれない.

## 8 オイラーの定理の類似

**定理 37.** 解 $a$ が $A = \sigma(a), \overline{P}\sigma(A) = aP + P - 2$ を満たすとき（すなわち $m = 0$ のとき）$P$ の倍数なら $a$ は $P$ のべき.

Proof.
解 $a$ は $P$ の倍数と仮定したので, $a = P^e L, (P \nmid L)$ と書ける. $W = P^{e+1} - 1$ とおくとき, $A = \sigma(a) = \dfrac{W\sigma(L)}{\overline{P}}$.

$W_0 = 1 + P + P^2 + \cdots + P^e$ とおくと, $W_0 = \dfrac{W}{\overline{P}}$.

$A = \sigma(a) = W_0\sigma(L)$ によって, $L > 1$ を仮定すると, $\sigma(L) \geq 1 + L$.

$$\sigma(A) \geq 1 + A + \sigma(L) > 1 + W_0\sigma(L) + L.$$

この式に $\overline{P}$ を乗じると,

$$\overline{P}\sigma(A) > \overline{P} + \overline{P}W_0\sigma(L) + \overline{P}L = \overline{P} + W\sigma(L) + \overline{P}L.$$

一方, $W = P^{e+1} - 1$ により,

$$aP + P - 2 = P^{e+1}L + P - 2$$
$$= (W+1)L + P - 2$$

かくして

$$aP + P - 2 = \overline{P}\sigma(A)$$
$$> \overline{P} + W\sigma(L) + \overline{P}L.$$

ゆえに,

$$(W+1)L + P - 2 = aP + P - 2 \geq \overline{P} + W\sigma(L) + \overline{P}L > P - 1 + WL + W + \overline{P}L.$$

よって $(W+1)L + P - 2 > P - 1 + WL + W + \overline{P}L$.
$WL$ を両辺から引くと

$$L + P - 2 > P - 1 + W + \overline{P}L > P - 1 + (P-1)L \geq P - 1 + L.$$

これは矛盾. よって, $L = 1$ なので解は $a = P^e$.
End

解は $a = P^e$ なので, $A = \sigma(a) = \dfrac{W}{P} = W_0$ は素数. これを底が $P$ のときの一般 Mersenne 素数という.

次に計算例を示す.

表5.6  $P > 2, m = 0$: スーパー完全数

| $P = 3, m = 0$ | | |
|---|---|---|
| $a$ | 素因数分解 | $A$ 素数 |
| 9 | $3^2$ | 13 |
| 729 | $3^6$ | 1093 |
| 531441 | $3^{12}$ | 797161 |
| $P = 5, m = 0$ | | |
| $a$ | 素因数分解 | $A$ 素数 |
| 25 | $5^2$ | 31 |
| 15625 | $5^6$ | 19531 |
| 9765625 | $5^{10}$ | 12207031 |
| $P = 7, m = 0$ | | |
| $u$ | 素因数分解 | $A$ 素数 |
| 2401 | $7^4$ | 2801 |
| $P = 13, m = 0$ | | |
| $a$ | 素因数分解 | $A$ 素数 |
| 28561 | $13^4$ | 30941 |
| 4826809 | $13^6$ | 5229043 |
| $P = 17, m = 0$ | | |
| $a$ | 素因数分解 | $A$ 素数 |
| 289 | $17^2$ | 307 |
| 83521 | $17^4$ | 88741 |

# 9  究極の完全数での メルセンヌ素数

底を $P$ とする究極の完全数の定義は次の通り.

指数 $e$ について, $a = P^e$ とおいて, 平行移動のパラメタを $m$ とするとき

$q = \sigma(a) + m$ を素数と仮定する. したがって $\sigma(q) = q+1$ となる.

$\alpha = aq$ を平行移動 $m$ の究極の完全数という. これの満たす方程式を次のように作る.

$\sigma(\alpha) = \sigma(a)(q+1)$ を基に次のように式を変形する.

$A = \sigma(a) + m$ とおき, さらに $\overline{P} = P-1, W = P^{e+1}-1$ とおくとき, $q-m = \sigma(a) = \dfrac{W}{\overline{P}}$ になり, $A = \sigma(a) + m$ とおき, さらに $\overline{P} = P-1, W = P^{e+1}-1$ とおくとき, $q-m = \sigma(a) = \dfrac{W}{\overline{P}}$ になり, $\sigma(A) = q+1 = \dfrac{W}{\overline{P}}+1+m = \dfrac{W+\overline{P}(1+m)}{\overline{P}} = \dfrac{P^{e+1}+P-2+m\overline{P}}{\overline{P}}$.

$\sigma(a) = \dfrac{W}{\overline{P}}, W = \sigma(a)\overline{P}$ に注目して

$\overline{P}\sigma(\alpha) = \overline{P}\sigma(a)q + \overline{P}\sigma(a) = Wq+W = P^{e+1}q-q+W = P\alpha-q+W.$

$q = \sigma(a)+m = \dfrac{W}{\overline{P}}+m$ によって, $\overline{P}(q-m) = W.$

$P\alpha-q+W = P\alpha-q+\overline{P}(q-m) = P\alpha+q(P-2)-m\overline{P}$ によって,

$$\overline{P}\sigma(\alpha) = P\alpha+q(P-2)-m\overline{P}.$$

これが, 平行移動 $m$ の究極の完全数の定義式でありこれを満たす $a$ を平行移動 $m$ の究極の完全数という.

$m = 0$ なら単に究極の完全数という.

ここで, $a = P^{\varepsilon}Q$ と素数 $Q$ で書ける解を A 型の解という.

$P = 2$ の完全数が偶数なら A 型の解になることは Euler が 1747 年に証明した.

一般の底が $P$ のとき, 究極の完全数であって A 型の解になるとき, Euler 型の完全数という.

Euler 型の完全数 $\alpha = P^{\varepsilon}Q$ において $a = P^{\varepsilon}$ はスーパー完全数であり $Q$ は一般の Mersenne 素数になることが容易に確認できる.

実際, $m = 0$ として $\alpha = P^{\varepsilon}Q, Q$:素数, を定義式 $(\overline{P}\sigma(\alpha) = P\alpha+q(P-2))$ に代入すると, $Q = q$ として

$\overline{P}\sigma(\alpha) = \overline{P}\sigma(P^{\varepsilon})(Q+1)$

$$P\alpha + q(P-2) = P^{\varepsilon+1}Q + Q(P-2).$$

$N = P^{\varepsilon+1} - 1$ とおくとき $P\alpha + q(P-2) = (N+1)Q + Q(P-2).$

$$\overline{P}\sigma(P^{\varepsilon})(Q+1) = N(Q+1) = (N+1)Q + Q(P-2)$$

それゆえ $N = Q(P-1) = \overline{P}Q.$ $Q = \dfrac{N}{\overline{P}} = 1 + P + \cdots + P^{\varepsilon}$ は一般 Mersenne 素数.

## 9.1 一般 Mersenne 素数

次に計算例をあげる.

表 5.7　$P = 2$: Mersenne 素数

| $e$ | $q = 1 + P + \cdots + P^e$ | $\alpha = aq$:完全数 |
|---|---|---|
| 1 | 3 | 6 |
| 2 | 7 | 28 |
| 4 | 31 | 496 |
| 6 | 127 | 8128 |
| 12 | 8191 | 33550336 |
| 16 | 131071 | 以下略 |
| 18 | 524287 | |
| 30 | 2147483647 | |
| 60 | 2305843009213693951 | |
| 88 | 618970019642690137449562111 | |

表 5.8　$P=3$: 一般 Mersenne 素数

| $e$ | $q = 1 + P + \cdots + P^e$ |
|---|---|
| 2 | 13 |
| 6 | 1093 |
| 12 | 797161 |
| 70 | 3754733257489862401973357979128773 |

表 5.9　$P=5$: 一般 Mersenne 素数

| $e$ | $q = 1 + P + \cdots + P^e$ |
|---|---|
| 2 | 31 |
| 6 | 19531 |
| 10 | 12207031 |
| 12 | 305175781 |

表 5.10　$P=7$: 一般 Mersenne 素数

| $e$ | $q = 1 + P + \cdots + P^e$ |
|---|---|
| 4 | 2801 |
| 12 | 16148168401 |

表 5.11　$P=11$: 一般 Mersenne 素数

| $e$ | $1 + P + \cdots + P^e$ |
|---|---|
| 16 | 50544702849929377 |
| 18 | 6115909044841454629 |

こうしていろいろな Mersenne 素数 を見ることは目の保養になる.

## 10    $P = 3, m = -8$ のときのスーパー 完全数

$P = 3, m = 1, 3, 4,$ などの場合を計算した. 少し先に進み, $m = -8$ で計算したところ素数の解がたくさん出るので驚いた.

さて $P = 3, m = -8$ では $A = \sigma(a) - 8, 2\sigma(A) = 3(a - 5)$ が連立定義方程式である.

表 5.12    $P = 3, m = -8$: スーパー 完全数

| $a$ | 素因数分解 | $A$ | 素因数分解 | $B$ | 素因数分解 |
|---|---|---|---|---|---|
| 9 | $3^2$ | 5 | 5 | 5 | 5 |
| 81 | $3^4$ | 113 | 113 | 113 | 113 |
| 13 | 13 | 6 | $2 * 3$ | 11 | 11 |
| 17 | 17 | 10 | $2 * 5$ | 17 | 17 |
| 29 | 29 | 22 | $2 * 11$ | 35 | $5 * 7$ |
| 41 | 41 | 34 | $2 * 17$ | 53 | 53 |
| 53 | 53 | 46 | $2 * 23$ | 71 | 71 |
| 89 | 89 | 82 | $2 * 41$ | 125 | $5^3$ |
| 101 | 101 | 94 | $2 * 47$ | 143 | $11 * 13$ |
| 113 | 113 | 106 | $2 * 53$ | 161 | $7 * 23$ |
| 149 | 149 | 142 | $2 * 71$ | 215 | $5 * 43$ |
| 173 | 173 | 166 | $2 * 83$ | 251 | 251 |
| 233 | 233 | 226 | $2 * 113$ | 341 | $11 * 31$ |
| 269 | 269 | 262 | $2 * 131$ | 395 | $5 * 79$ |
| 281 | 281 | 274 | $2 * 137$ | 413 | $7 * 59$ |
| 353 | 353 | 346 | $2 * 173$ | 521 | 521 |
| 389 | 389 | 382 | $2 * 191$ | 575 | $5^2 * 23$ |

解 $a$ は $3^e$ または素数である. そこで
$a = p$(素数) とする.

$p-7$ は偶数なので, $A = \sigma(a) + m = \sigma(p) - 8 = p - 7 = 2^\varepsilon Q, (Q:$ 奇数$)$, と おく.

$2\sigma(A) = 3a + 1 + 2m = 3a - 16 = 3p - 15$ を思い出す.

$N = 2^{\varepsilon+1} - 1$ により $2\sigma(A) = 2N\sigma(Q)$.

以上によって,

$$2\sigma(A) = 2N\sigma(Q) = 3p - 15 = 3(p-5).$$

$p = 2^\varepsilon Q + 7$ により

$$2N\sigma(Q) = 3(p-5) = 3(p-7) + 6 = 3 * 2^\varepsilon Q + 6 = 6 * (2^{\varepsilon-1}Q + 1).$$

$N_1 = 2^{\varepsilon-1}$ とおくと, $N = 4N_1 - 1$ となり

$$8N_1 - 2\sigma(Q) = 6 * (N_1 Q + 1).$$

これより

$$3 * (N_1 Q + 1) = (4N_1 - 1)\sigma(Q).$$

$$
\begin{aligned}
3 * (N_1 Q + 1) &= (4N_1 - 1)\sigma(Q) \\
&\geq (4N_1 - 1)(Q + 1) \\
&= (4N_1 - 1)Q + 4N_1 - 1 \\
&= 4N_1 Q - Q + 4N_1 - 1.
\end{aligned}
$$

したがって,

$$3 * N_1 Q + 3 \geq 4N_1 Q - Q + 4N_1 - 1.$$

ゆえに $4 \geq N_1 Q + 4N_1 - Q$.

まとめて整理し,

$$0 \geq (Q+4)(N_1 - 1).$$

ゆえに , $N_1 = 1, \varepsilon = 1$.

$3 * (N_1 Q + 1) = (4N_1 - 1)\sigma(Q)$ にこれらを代入すると,

$3 * (Q + 1) = (4 - 1)\sigma(Q)$. よって $Q$:素数になり,$p = 7 + 2Q$ も素数なので,
$(Q, p = 2Q + 7)$ はスーパー双子素数.

　ここでまとめて定理とする.（実は宮本憲一さんとのゼミのおかげである）

**定理 38. $P = 3, m = -8$ のときのスーパー完全数が素数 $p$ ならパートナは $A = 2Q$ ($Q$:素数) となり $(Q, p = 2Q + 7)$ はスーパー双子素数.**

　$P = 3, m = -8$ のときのスーパー完全数は 3 べきでないなら, 素数 $p$ になりしかも $(Q, p = 2Q + 7)$ はスーパー双子素数.

　これ以外の $P = 3, m = -8$ のスーパー完全数はあるか, という問題をたてることは容易である. しかしこれは奇数完全数の問題と類似した性格の問題で今までの数学では解決できないのではないだろうか. ここで若い世代にこのような難問を捧げたいと思う.

　$B = \sigma(A) - 1 = 3\sigma(Q) - 1 = 3Q + 2$ とおき高橋のスーパー双子素数生成公式を用いてプログラムを作りできた結果を書く.

表5.13  $Q, p = 7 + 2Q$ はスーパー双子素数

| $Q$ | $p$ | $B$ | 素因数分解 |
|---|---|---|---|
| 2 | 11 | 8 | $2^3$ |
| 3 | 13 | 11 | 11 |
| 5 | 17 | 17 | 17 |
| 11 | 29 | 35 | $5 * 7$ |
| 17 | 41 | 53 | 53 |
| 23 | 53 | 71 | 71 |
| 41 | 89 | 125 | $5^3$ |
| 53 | 113 | 161 | $7 * 23$ |
| 71 | 149 | 215 | $5 * 43$ |
| 83 | 173 | 251 | 251 |
| 113 | 233 | 341 | $11 * 31$ |
| 131 | 269 | 395 | $5 * 79$ |
| 137 | 281 | 413 | $7 * 59$ |
| 173 | 353 | 521 | 521 |
| 191 | 389 | 575 | $5^2 * 23$ |
| 197 | 401 | 593 | 593 |

$B$ が素数なら $Q, p = 2Q + 7, B = 3Q + 2$ がウルトラ三つ子素数になり解 $p$ がウルトラ完全数 II 型になる. これは後に示す.

$P = 3, m = -8$: スーパー 完全数のとき, スーパー双子素数が出てきた. 同様のことがいつ起きるか考えてみよう.

スーパー 完全数の定義式 $A = \sigma(a) + m, \overline{P}\sigma(A) = aP + P - 2 + m\overline{P}$ において, 素数解 $p$ があり, そのパートナーが $A = \nu Q, (\nu, Q :$ 互いに素$)$, と書ける. 結果として, $(p, Q)$ がスーパー双子素数になることを期待しよう.

$A = \sigma(a) + m = p + 1 + m, p = A - 1 - m$ に注意して

$$\overline{P}\sigma(A) = aP + P - 2 + m\overline{P}$$

に代入すると，$(a = p$ なので)

$$\overline{P}\sigma(A) = (A - 1 - m)P + P - 2 + m\overline{P} = AP - m - 2.$$

$A = \nu Q$ を代入して

$$\overline{P}\sigma(\nu)\sigma(Q) = P\nu Q - m - 2.$$

これより $m + 2 = P\nu Q - \overline{P}\sigma(\nu)\sigma(Q).$
$Q$ を素数と仮定すると,$\sigma(Q) = Q + 1.$

$$\begin{aligned}
m + 2 &= P\nu Q - \overline{P}\sigma(\nu)\sigma(Q) \\
&= P\nu Q - \overline{P}\sigma(\nu)(Q + 1) \\
&= (P\nu - \sigma(\nu)\overline{P})Q + \sigma(\nu)\overline{P}
\end{aligned}$$

ゆえに
$$m + 2 = (P\nu - \sigma(\nu)\overline{P})Q - \sigma(\nu)\overline{P}.$$

$Q$ はいろいろ変化するので, その係数は 0. すなわち, $P\nu - \sigma(\nu)\overline{P} = 0.$ そして, $m + 2 = -\sigma(\nu)\overline{P}.$

例

$P = 3, A = 2Q = \nu Q, \nu = 2$ とすると $6 - \sigma(2)2 = 0.$ $m + 2 = -\sigma(2)\overline{3} = -6.$
よって, $m = -8.$

したがって $P\nu - \sigma(\nu)\overline{P} = 0$ の解を求める.

理論を立てるのが難しいのでプログラムを書いてパソコンで解を探した.

$P = 2$ なら $\nu$ は完全数. $P > 2$ なら $P = 3, \nu = 2$

表5.14 $P,\nu$ パソコンでの解

| $P$ | $\nu$ | $m$ |
|---|---|---|
| 2 | 6 | $-14$ |
| 2 | 28 | $-58$ |
| 2 | 496 | $-994$ |
| 2 | 8128 | $-16258$ |
| 3 | 2 | $-8$ |

$P = 3, \nu = 2$ のとき $m + 2 = -\sigma(\nu)\overline{P} = -6$ により $m = -8$.

$P = 2, \nu$:完全数, のとき $m + 2 = -\sigma(\nu)\overline{P} = -2\nu$ により $m = -2 - 2\nu = -14, -58, \cdots$.

**補題 39**（水谷一）. $\quad P\nu - \sigma(\nu)\overline{P} = 0$ の解は $P > 2$ が素数なら $P = 3, \nu = 2.$

Proof.

$\dfrac{\sigma(\nu)}{\nu} = \dfrac{P}{\overline{P}}$ により, 右辺は既約分数なので, 自然数 $k$ があり, $\sigma(\nu) = kP, \nu = k\overline{P}$.

$k > 1$ とすると, $\overline{P} = P - 1 > 1$ により, $\overline{P}, k$ は, $\nu$ の真の約数なので,

$$kP = \sigma(\nu) \geq 1 + \nu = 1 + kP.$$

これで矛盾. よって $k = 1$.

$\sigma(\nu) = kP = P, \nu = k\overline{P} = \overline{P}, .$ $\sigma(\nu) = 1 + \nu$ が出るので, $\nu, P = 1 + \nu$ はともに素数. ゆえに $\nu = 2, P = 3$.

End

# 11 平行移動 $m$ , 素数 $P$ を 底とするウルトラ完全数 II 型

底を $P$ とするウルトラ完全数 II 型の定義は次の通り.

指数 $e$ について, $a = P^e$ とおき, 平行移動のパラメタを $m$ とするとき $q = \sigma(a) + m$ を素数と仮定する. したがって $\sigma(q) = q + 1$ となる.

あらためて, $A = \sigma(a) + m$ とおき, $\sigma(A) = q + 1$ に注目する.

$\overline{P} = P - 1, W = P^{e+1} - 1$ とおくとき, $q - m = \sigma(a) = \dfrac{W}{\overline{P}}$ になり,

$$\sigma(A) = q + 1 = \frac{W}{\overline{P}} + 1 + m = \frac{W + \overline{P}(1+m)}{\overline{P}} = \frac{P^{e+1} + P - 2 + m\overline{P}}{\overline{P}}.$$

これより

$$\overline{P}\sigma(A) = aP + P - 2 + m\overline{P}.$$

**定義.** $A = \sigma(a) + m, B = \sigma(A) - 1$ とおくと, $\sigma(A) = q + 1, B = q$ なので

$\sigma(B) = q + 1$ により $\sigma(B) = \sigma(A)$. よって $\overline{P}\sigma(B) = \overline{P}\sigma(A) = aP + P - 2 + m\overline{P}$.

かくして 次式が得られた,

$$A = \sigma(a) + m, B = \sigma(A) - 1, \overline{P}\sigma(B) = aP + P - 2 + m\overline{P}.$$

これを $m$ だけ平行移動した素数 $P$ を底とするウルトラ完全数 II 型の連立方程式, その解を $m$ だけ平行移動した素数 $P$ を底とするウルトラ完全数 II 型という.

$A$ は $P$ を底とするウルトラ完全数 II 型 $a$ のパートナー, また $B$ はシャドウ と呼ばれる.

**補題 40. $P$ を底とし, $a = P^e$ と書けるとき ウルトラ完全数 II 型 のパートナー $A$ は素数になる.**

Proof.

$a = P^e$ として $\overline{P} = P - 1, W = P^{e+1} - 1$ とおくとき, $A = \sigma(a) + m = \dfrac{W}{\overline{P}} + m.$

定義式 $\overline{P}\sigma(A) = aP + P - 2 + m\overline{P}$ を $\overline{P}$ で割ると

$$\sigma(A) = \frac{W + (m+1)\overline{P}}{\overline{P}} = \frac{W}{\overline{P}} + m + 1.$$

$\dfrac{W}{\overline{P}} + m + 1 = A + 1$ が成り立つので, $\sigma(A) = A + 1$. $A$ は素数.
End.

**定理 41. 解 $a$ がウルトラ完全数 II 型 で $m = 0$ のとき解が $P$ の倍数なら $a$ は $P$ のべきになる.**

Proof.

解 $a$ は $P$ の倍数と仮定したので, $a = P^e L, (P \nmid L)$ と書ける. $W = P^{e+1} - 1$ とおくとき, $A = \sigma(a) = \dfrac{W\sigma(L)}{\overline{P}}$.

$W_0 = 1 + P + P^2 + \cdots + P^e$ とおくと, $W_0 = \dfrac{W}{\overline{P}}$.

$A = \sigma(a) = W_0 \sigma(L)$ によって, $L > 1$ を仮定すると, $\sigma(L) \geq 1 + L$.

$W_0 > 1, \sigma(L)$ は $A$ の約数なので

$$\sigma(A) \geq 1 + A + \sigma(L) > 1 + W_0 \sigma(L) + L.$$

$\overline{P}$ を乗じると,

$$\overline{P}\sigma(A) > \overline{P} + \overline{P}W_0\sigma(L) + \overline{P}L = \overline{P} + W\sigma(L) + \overline{P}L.$$

一方, $W = P^{e+1} - 1$ により,

$$aP + P - 2 = P^{e+1}L + P - 2$$
$$= (W+1)L + P - 2.$$

かくして $m = 0$ と仮定したので定義式より $aP + P - 2 = \overline{P}\sigma(B)$. したがって

$$aP + P - 2 = \overline{P}\sigma(B)$$
$$\geq \overline{P}(B+1)$$
$$= \overline{P}\sigma(A)$$
$$> \overline{P} + \overline{P}W_0\sigma(L) + \overline{P}L$$
$$= \overline{P} + W\sigma(L) + \overline{P}L.$$

ゆえに, $aP + P - 2 = (W+1)L + P - 2$ を用いると

$$(W+1)L + P - 2 \geq \overline{P} + W\sigma(L) + \overline{P}L > P - 1 + WL + W + \overline{P}L.$$

これは矛盾.

　End

　したがって, このとき $A = \sigma(a) = W_0$ は素数になりこれは一般メルセンヌ素数.

　証明はスーパー完全数の場合とほぼ同じであった.

## 12　合流型のスーパー完全数

　スーパー完全数において平行移動をうまく取るとスーパー双子素数が出てくる現象は興味深いものがある. しかし, $P > 2$ では $P = 3, m = -8$ の場合しか出ない. これは失望させる事態である.

　実は高橋の研究で合流型の完全数を調べた例があった. そこで合流型のスーパー完全数を考えてみた. 合流型のスーパー完全数ではスーパー双子素数が出てくる.

## 13　平行移動 $m$ , 素数 $P$ を 底とする合流型のスーパー完全数

　底を素数 $P$ とし, 平行移動 $m$ の 合流型のスーパー完全数（Superperfect numbers of confulent type）の定義は次の通り.

$a = P^e$ とおいて, 平行移動のパラメタを $m$ とするとき $q = P\varphi(a) + m + 1$ を素数と仮定する. したがって $\sigma(q) = q + 1$ となる.

あらためて, $A = P\varphi(a) + m + 1$ とおき, $\sigma(A) = q + 1$ に注目する. $\overline{P} = P - 1$ とおくとき, $P\varphi(a) = \overline{P}a$ に注意すれば

$$\sigma(A) = q + 1 = \overline{P}a + m + 2.$$

そこで , $a = P^e$ を忘れて

**定義.** $A = P\varphi(a) + m + 1$, $\sigma(A) = \overline{P}a + m + 2$ を $m$ だけ平行移動した素数 $P$ を底とする平行移動 $m$ の合流型 スーパー完全数の連立方程式, その解を 平行移動 $m$, 素数 $P$ を底とする合流型スーパー完全数という.

$A$ は $P$ を底とするスーパー完全数 $a$ のパートナーと呼ばれる.

次の結果は水谷一による.

**補題 42. $P$ を底とする平行移動 $m$ の合流型スーパー完全数が $a = P^e$ と書けるときパートナー $A$ は素数になる.**

Proof.

$a = P^e$ なら $P\varphi(a) = \overline{P}a$ が成り立つので, 定義式 $A = P\varphi(a) + m + 1$, $\sigma(A) = \overline{P}a + m + 2$ を参照すると

$$A = P\varphi(a) + m + 1 = \overline{P}a + m + 1 = \sigma(A) - 1.$$

$A = \sigma(A) - 1$ によって, $A$ は素数.
End

この逆もなりたつ.

**補題 43. $P$ を底とする平行移動 $m$ の合流型スーパー完全数 のパートナー $A$ は素数になるとき, $a = P^e$ と書ける.**

Proof.

$A$ は素数と書けるので $A = \sigma(A) - 1$. これより $P\varphi(a) = \overline{P}a$. すると, $P|a$ なので, $a = P^e L, (P \nmid L)$. これより, $L = 1$ となる.

End

## 14　例

$P = 3, m = 2$ の合流型完全数でもよいが結果が簡単になりすぎる. そこで $P = 3, m = 14$ の合流型完全数を取り上げる.

表 5.15　$P = 3, m = 14$ 合流型スーパー完全数 I ($\varphi(a)$ と $\sigma(a)$ の組み合わせ)

| $a$ | 素因数分解 | $A$ | 素因数分解 | $B$ | 素因数分解 |
|---|---|---|---|---|---|
| 12 | $2^2 * 3$ | 27 | $3^3$ | 41 | 41 |
| 20 | $2^? * 5$ | 39 | $3 * 13$ | 57 | $3 * 19$ |
| 28 | $2^2 * 7$ | 51 | $3 * 17$ | 73 | 73 |
| 52 | $2^2 * 13$ | 87 | $3 * 29$ | 121 | $11^2$ |
| 68 | $2^2 * 17$ | 111 | $3 * 37$ | 153 | $3^2 * 17$ |
| 76 | $2^2 * 19$ | 123 | $3 * 41$ | 169 | $13^2$ |
| 116 | $2^2 * 29$ | 183 | $3 * 61$ | 249 | $3 * 83$ |
| 172 | $2^2 * 43$ | 267 | $3 * 89$ | 361 | $19^2$ |
| 188 | $2^2 * 47$ | 291 | $3 * 97$ | 393 | $3 * 131$ |
| 212 | $2^2 * 53$ | 327 | $3 * 109$ | 441 | $3^2 * 7^2$ |
| 268 | $2^2 * 67$ | 411 | $3 * 137$ | 553 | $7 * 79$ |

表を参考にして, $a = 4p$ ( $p > 2$ :素数) とする.

方程式は $A = P\varphi(a) + m + 1 = 3\varphi(4p) + 15 = 6p + 9$, $\sigma(A) = \overline{P}a + m + 2 = 8p + 16$.

$A = 6p + 9 = 3Q, Q = 2p + 3$ とおき, 取りあえず, $Q$ は奇数なのでこれを素

数と仮定してみる. すると $(p, Q = 2p + 3)$ はスーパー双子素数.

$A = 3Q$ なので, $\sigma(A) = 4(Q+1)$, $\overline{P}a + m + 2 = 8p + 16 = 4(Q-3) + 16 = 4Q + 4$.

ゆえに $\sigma(A) = \overline{P}a + m + 2$ が成り立ち,

$(p, Q = 2p + 3)$ がスーパー双子素数なら $a = 4p$ は $P = 3, m = 14$ の合流型スーパー完全数になる.

この逆が次の形で成り立つ.

**定理 44. $a = 4p$ は $P = 3, m = 14$ の合流型スーパー完全数とすると, $A = 3Q$ となる. $(p, Q = 2p + 3)$ はスーパー双子素数になる.**

$A = 6p + 9 = 3Q, Q = 2p + 3$ とおくことはできる. 最初に $3, Q$ は互いに素とする.

$\sigma(A) = 4\sigma(Q), \sigma(A) = 8p + 16 = 4 * 2p + 16 = 4(Q - 3) + 16 = 4Q + 4$ により $\sigma(Q) = Q + 1$. よって, $Q$: 素数.

さて次に $3, Q$ は互いに素との仮定はしない. すると $Q = 3^\varepsilon q$. ここで $3, q$ は互いに素とする.

$A = 6p + 9 = 3Q = 3^{\epsilon+1} q$ により, $2\sigma(A) = (3^{\epsilon+2} - 1)\sigma(q)$ となる.

$N = 3^{\varepsilon+2} - 1 = 9N_0 - 1, (N_0 = 3^\varepsilon)$. よって, $2\sigma(A) = (9N_0 - 1)\sigma(q)$.
$2p = 3^\varepsilon q - 3$ により

$$2\sigma(A) = 16p + 32 = 8(3^\varepsilon q - 3) + 32 = 8(3^\varepsilon q + 1) = 8(N_0 q + 1).$$

$(9N_0 - 1)\sigma(q) = 8(N_0 q + 1)$ が出て, $N_0$ で整理すると,

$$(9N_0 - 1)\sigma(q) = 8(N_0 q + 1) = 8N_0 q + 8.$$

$q > 1$ とすると, $\sigma(q) > q$. それゆえ

$$8N_0 q + 8 = (9N_0 - 1)\sigma(q) \geq (9N_0 - 1)(q + 1) = 9qN_0 - q + 9N_0 - 1.$$

$$0 \geq 9qN_0 - q + 9N_0 - 1 - 8N_0q - 8 = N_0q - 9 - q + 9N_0$$
$$= q(N_0 - 1) - 9 + 9N_0 = (N_0 - 1)(9 + q).$$

ゆえに $N_0 = 1; Q = q > 3$：素数.

　$q = 1$ とすると, $\sigma(q) = q = 1$. それゆえ $(9N_0 - 1)\sigma(q) = 8(N_0q + 1)$ に代入して, $9N_0 - 1 = 8(N_0 + 1)$. かくして, $N_0 = 9$.

　よって, $N_0 = 9, q = 3, p = 3$. 故に, $a = 4p = 12, A = 3^3$.

　End

　完全数と双子素数は, 一般の数学愛好家にもよく知られた概念だが完全数の一般化と双子素数の一般化がこのように結びついたのである. このことに私は感動した.

# 1．スーパー双子素数とウルトラ三つ子素数

高橋　洋翔

## 双子素数とは？

$p, p+2$ がともに素数である組

　　**例**：$(3, 5)$, $(5, 7)$, $(11, 13)$, $(17, 19)$, $(29, 31)$・・・

無限にあるかどうかは未解決

---

### 飯高先生の未解決問題 1　スーパー双子素数

　与えられた整数 $(a>0, b)$ に対して，$p=aq+b$ とおくとき $p,q$ がともに素数なら $(p,q)$ を $a,b$ に関しての超（スーパー）双子素数という．

(1) 超双子素数が無限にある $a,b$ はどんな条件を満たすか

(2) 超双子素数が有限個の $a,b$ は存在するか

(3) 与えられた $(a>0, b)$ に対して超双子素数を無限に生成する方程式（$\sigma(a),\varphi(a)$ を用いてよい）を作れ

---

## $\sigma(x),\varphi(x)$ とは？

$\sigma(x)$：自然数 $x$ について，$x$ の約数の総和

$\varphi(x)$：自然数 $x$ について，$x$ 以下の自然数のうち $x$ と互いに素なものの個数

　　**例**：$\varphi(3)=2$, $\varphi(6)=2$

$x\geq 2$ のとき，$\varphi(x)\leq x-1$

等号成立は $x$ が素数

---

**飯高先生の未解決問題2　ウルトラ三つ子素数**

与えられた整数 $(a>0, b, c>0, d)$ に対して $p=aq+b,\ r=cq+d$ とおくとき $p,q,r$ がともに素数なら $(p,q,r)$ を $a,b,c,d$ に関してのウルトラ3つ子素数という.

(1) ウルトラ3つ子素数が無限にある $a,b,c,d$ はどんな条件を満たすか

(2) ウルトラ3つ子素数が有限個の $a,b,c,d$ は存在するか

(3) 与えられた $(a,b,c,d)$ に対してウルトラ三つ子素数を無限に生成する方程式 $(\sigma(a),\varphi(a)$ を用いてよい) を作れ

---

### 問題1 (3)

与えられた整数 $(a>0,\ b)$ に対して, $p=aq+b$ とおくとき $p,q,r$ がともに素数なら $(p,q)$ を $a,b$ に関しての超(スーパー)双子素数という.

(3) 与えられた $(a>0,\ b)$ に対して超双子素数を無限に生成する方程式 $(\sigma(a),\varphi(a)$ を用いてよい) を作れ.

---

$\varphi(a\varphi(q)+a+b)=aq+b-1$ を満たす $q$ について, $(aq+b,\ q)$ は $a,b$ に関しての超双子素数

---

**理由**　$x \geqq 2$ のとき

$\varphi(x) \leqq x-1$ 等号成立は $x$ が素数

$$\varphi(a\varphi(q)+a+b) \leqq a\varphi(q)+a+b-1 \leqq aq+b-1$$

等号が両方成り立たなければならないから, $q$ も $aq+b$ も素数になる.

## 問題 1 (2)

　与えられた整数 $(a>0,\ b)$ に対して，$p=aq+b$ とおくとき $p,q$ が
ともに素数なら $(p,q)$ を $a,b$ に関しての超（スーパー）双子素数と
いう．
(2) 超双子素数が有限個の $a,b$ は存在するか．

存在する．

　$a=1,\ b=$ 奇素数 $-2$ に関しての超双子素数 $(q+$ 奇素数 $-2,q)$
は（奇素数, 2）のみ

**理由**　2つの素数の差（奇素数 $-2$）が奇数になるから，小さい
方の素数 $q$ は 2.

## 問題 1 (1)

　与えられた整数 $(a>0,\ b)$ に対して，$p=aq+b$ とおくとき $p,q$
がともに素数なら $(p,q)$ を $a,b$ に関しての超（スーパー）双子素数
という．
(1) 超双子素数が無限にある $a,b$ はどんな条件を満たすか

$a,b$ は互いに素（$a$ と $b$ が互いに素でなければ $aq+b$ は $a$ と $b$ の公
約数を約数に持ってしまう）
かつ
$a+b\equiv 1\ (\mathrm{mod}\,2)$（$aq+b$ を奇数にするため）
**【予想】** 上記の条件を満たすとき，超双子素数は無限にあるのでは
ないか．

$a = 1$, $b = 2$ に関しての超双子素数 $(q+2, q)$

  $(5, 3)$, $(7, 5)$, $(13, 11)$, $(19, 17)$, $(31, 29)$ …

$a = 4$, $b = 5$ に関しての超双子素数 $(4q+5, q)$

  $(13, 2)$, $(17, 3)$, $(73, 17)$, $(97, 23)$, $(193, 47)$ …

## 問題2 (3)

　与えられた整数 $(a > 0,\ b,\ c > 0,\ d)$ に対して, $p = aq+b$, $r = cq+b$ とおくとき $p, q, r$ がともに素数なら $(p, q, r)$ を $a, b, c, d$ に関しての**ウルトラ三つ子素数**という.

(3) 与えられた $(a, b, c, d)$ に対してウルトラ三つ子素数を無限に生成する方程式 ($\sigma(a), \varphi(a)$ を用いてよい) を作れ.

$$\varphi(a\varphi(q)+a+b) + \varphi(c\varphi(q)+c+d) = (a+c)q+b+d-2$$

を満たす $q$ について, $(aq+b,\ q,\ cq+d)$ は $a, b, c, d$ に関してのウルトラ3つ子素数.

**理由**　　$x \geqq 2$ のとき

$\varphi(x) \leqq x-1$ 等号成立は $x$ が素数

$$\varphi(a\varphi(q)+a+b) \leqq a\varphi(q)+a+b-1 \leqq aq+b-1$$
$$\varphi(c\varphi(q)+c+d) \leqq c\varphi(q)+c+d-1 \leqq cq+d-1$$

等号がすべて成り立たなければならないから, $q$ も $aq+b$ も $cq+d$ も素数.

## 問題 2（2）

与えられた整数 $(a>0,\ b,\ c>0,\ d)$ に対して $p=aq+b,\ r=cq+d$ とおくとき $p,q,r$ がともに素数なら $(p,q,r)$ を $a,b,c,d$ に関してのウルトラ 3 つ子素数という．

(2) ウルトラ 3 つ子素数が有限個の $a,b,c,d$ は存在するか．

存在する．

$a=1,\ b=1,\ c=1,\ d=3$

に関してのウルトラ三つ子素数 $(q+1,\ q,\ q+3)$ は $(3,\ 2,\ 5)$ のみ．

## 問題 2（1）

与えられた整数 $(a>0,\ b,\ c>0,\ d)$ に対して

$p=aq+b,\ r=cq+d$ とおくとき $p,q,r$ がともに素数なら $(p,q,r)$ を $a,b,c,d$ に関してのウルトラ 3 つ子素数という．

(1) ウルトラ 3 つ子素数が無限にある $a,b,c,d$ はどんな条件を満たすか．

$a,b$ は互いに素　かつ　$a+b\equiv 1\ (\mathrm{mod}\,2)$ かつ

$c,d$ は互いに素　かつ　$c+d\equiv 1\ (\mathrm{mod}\,2)$

【予想】上記の条件を満たすとき（下記の除外条件を除く），ウルトラ三つ子素数は無限にあるのではないか．

例：$a=1,\ b=2,\ c=1,\ d=6$ に関してのウルトラ三つ子素数 $(q+2,\ q,\ q+6)$

$(7,\ 5,\ 11),\ (13,\ 11,\ 17),\ (19,\ 17,\ 23),$

$(43,\ 41,\ 47),\ (103,\ 101,\ 107)\cdots$

ただし，上記の条件を満たすものの中で，除外されるものがある．
（つまり，問題 2（2）の解になる．）

## 問題 2（1）の除外条件

〈僕が最初に考えた除外条件〉

$a \equiv c \equiv 1 \pmod 3$ かつ $b+d \equiv 0 \pmod 3$

（かつ $b \not\equiv 0 \pmod 3$ を水谷一氏の指摘から追加．）

> **例：** $a=1$, $b=2$, $c=1$, $d=4$ に関してのウルトラ三つ子素数 $(q+2,\ q,\ q+4)$ は $(5,\ 3,\ 7)$ のみ

〈水谷一氏による除外条件〉

$ac \equiv -bd \not\equiv 0 \pmod 3$

このとき，$aq+b$, $q$, $cq+d$ のどれかが必ず 3 の倍数になり，3 の倍数である素数は 3 のみなので，解が有限になる．

> **例：** $a=4$, $b=5$, $c=5$, $d=8$ に関してのウルトラ三つ子素数 $(4q+5,\ q,\ 5q+8)$ は $(17,\ 3,\ 23)$ のみ

# 2．スーパー双子素数と　　ウルトラ三つ子素数の分布の予想

高橋　洋翔

---

**ガウスの素数定理**

$t$ 近辺の数が素数である確率は $\dfrac{1}{\log t}$

$x$ 以下の素数の数 $\sim \displaystyle\int_2^x \dfrac{1}{\log t}\,dt$

---

## 双子素数の分布

それでは，$t \leqq x$ の双子素数 $(t,\ t+2)$ の組の数

$$\sim \int_2^x \frac{1}{\log t \log(t+2)}\,dt$$

となるか？

⇒ $t$ が素数になる事象と，$t+2$ が素数になる事象は，独立ではないので，
　調整が必要.

---

**ハーディ・リトルウッドの予想①**

$t \leqq x$ の双子素数 $(t,\ t+2)$ の組の数

$$\sim 2 \prod_{p \geqq 3 の素数} \frac{p(p-2)}{(p-1)^2} \int_2^x \frac{1}{\log t \log(t+2)}\,dt$$

---

※　$\displaystyle\prod \frac{p(p-2)}{(p-1)^2} = 0.6601\cdots$

## 2 を乗じる理由

- もしも，$t$ が 2 の倍数である事象と，$t+2$ が 2 の倍数である事象が独立なら，前方とも 2 の倍数でない確率は $\dfrac{1}{4}$

- 実際には，$t$ が 2 の倍数でなければ，$t+2$ も 2 の倍数でないので，両方とも 2 の倍数でない確率は $\dfrac{1}{2}$

  ⇒ したがって，$\dfrac{\frac{1}{2}}{\frac{1}{4}}=2$ を乗じる必要

## $\displaystyle\prod \frac{p(p-2)}{(p-1)^2}$ を乗じる理由

- もしも，$t$ が $p$ の倍数である事象と，$t+2$ が $p$ の倍数である事象が独立なら，両方とも $p$ の倍数でない確率は $\dfrac{(p-1)^2}{p^2}$

- 実際には，$t$ と $t+2$ が両方とも $p$ の倍数でない確率は $\dfrac{p-2}{p}$

  ⇒ したがって，3 以上のすべての素数 $p$ について，
  $$\frac{\frac{p-2}{2}}{\frac{(p-1)^2}{p^2}}=\frac{p(p-2)}{(p-1)^2}$$ を乗じる必要

---

### ハーディ・リトルウッドの予想②

$t \leqq x$ の素数の組 $(t,\, t+2k)$ の数

$$\sim 2 \prod_{p \geqq 3 の素数} \frac{p(p-2)}{(p-1)^2} \int_2^x \frac{1}{\log t \log(t+2k)}\, dt \times \prod_{\substack{p \geqq 3 の素数で \\ p が k の約数}} \frac{p-1}{p-2}$$

---

## $\displaystyle\prod \frac{p-1}{p-2}$ を乗じる理由

- $p$ が $k$ の約数の場合，$t$ と $t+2k$ が両方とも $p$ の倍数でない確率は

$(\dfrac{p-2}{p}$ ではなく,$)$　$\dfrac{p-1}{p}$

⇒ したがって，このような条件を満たすすべての素数 $p$ について，調整を上書きする必要があり，

$\dfrac{\frac{p-1}{p}}{\frac{p-2}{p}} = \dfrac{p-1}{p-2}$ を乗じる必要

## 超双子素数の分布の予想

> ### $t \leqq x$ の超双子素数 $(at+b,\ t)$ の組の数
>
> $(a, b$ は互いに素かつ $a+b \equiv 1 \pmod 2)$
>
> $$\sim \prod_{\substack{p \geqq 3 \text{の素数で} \\ p \text{が} a \text{か} b \text{の約数}}} \frac{p(p-2)}{(p-1)^2} \int_2^x \frac{1}{\log(at+b)\log t}\, dt \times \prod_{\substack{p \geqq 3 \text{の素数で} \\ p \text{が} a \text{か} b \text{の約数}}} \frac{p-1}{p-2}$$

## $\prod \dfrac{p-1}{p-2}$ を乗じる理由

- $p$ が $a$ か $b$ の約数の場合，$at+b$ と $t$ が両方とも $p$ の倍数でない確率は $(\dfrac{p-2}{p}$ でなく,$)$　$\dfrac{p-1}{p}$

  ⇒ したがって，このような条件を満たすすべての素数 $p$ について，調整を上書きする必要があり，

  $\dfrac{\frac{p-1}{p}}{\frac{p-2}{p}} = \dfrac{p-1}{p-2}$ を乗じる必要

## 具体例

$t \leq x$ の超双子素数 $(3t+10,\ t)$ の組の数

$$\sim 2 \prod_{p \geq 3 \text{の素数}} \frac{p(p-2)}{(p-1)^2} \int_2^x \frac{1}{\log(3t+10)\log t}\, dt \times \frac{3-1}{3-2} \times \frac{5-1}{5-2}$$

| $x$ | 100 | 1,000 | 10,000 | 100,000 | 1,000,000 |
|---|---|---|---|---|---|
| 実際 | 15 | 79 | 472 | 2,941 | 20,210 |
| 予想 | 23 | 96 | 492 | 2,993 | 20,203 |

---

## ハーディ・リトルウッドの予想③

$t \leq x$ の三つ子素数 $(t,\ t+2,\ t+6)$ の組の数

$$\sim 4 \cdot \frac{9}{8} \prod_{p \geq 5 \text{の素数}} \frac{p^2(p-3)}{(p-1)^3} \int_2^x \frac{1}{\log t \log(t+2) \log(t+6)}\, dt$$

---

※　$4 \cdot \dfrac{9}{8} \displaystyle\coprod_{p \geq 5 \text{の素数}} \dfrac{p^2(p-3)}{(p-1)^3} = 2.858248596\cdots$

## 4 を乗じる理由

- もしも，$t$ が 2 の倍数である事象と，$t+2$ が 2 の倍数である事象と，$t+6$ が 2 の倍数である事象が独立なら，3 つとも 2 の倍数でない確率は $\dfrac{1}{8}$

- 実際には，$t$ が 2 の倍数でなければ，$t+2$ も $t+6$ も 2 の倍数でないので，3 つとも 2 の倍数でない確率は $\dfrac{1}{2}$

  ⇒ したがって，$\dfrac{\frac{1}{2}}{\frac{1}{8}} = 4$ を乗じる理由

## $\dfrac{9}{8}$ を乗じる理由

- もしも，$t$ が 3 の倍数である事象と，$t+2$ が 3 の倍数である事象と，$t+6$ が 3 の倍数である事象が独立なら，3 つとも 3 の倍数でない確率は $\dfrac{8}{27}$

- 実際には，$t$ が 3 の倍数でなければ，$t+6$ も 3 の倍数でないので，3 つとも 3 の倍数でない確率は $\dfrac{3-2}{3}$

    $\Rightarrow$ したがって，$\dfrac{\frac{1}{3}}{\frac{8}{27}} = \dfrac{9}{8}$ を乗じる必要

## $\displaystyle\prod \dfrac{p^2(p-3)}{(p-1)^3}$ を乗じる理由

- もしも，$t$ が $p$ の倍数である事象と，$t+2$ が $p$ の倍数である事象と，$t+6$ が $p$ の倍数である事象が独立なら，3 つとも $p$ の倍数でない確率は $\dfrac{(p-1)^3}{p^3}$

- 実際には，$t$ と $t+2$ と $t+6$ が 3 つとも $p$ の倍数でない確率は $\dfrac{p-3}{p}$

    $\Rightarrow$ したがって，5 以上のすべての素数 $p$ について，

    $$\dfrac{\frac{p-3}{p}}{\frac{(p-1)^3}{p^3}} = \dfrac{p^2(p-3)}{(p-1)^3}$$ を乗じる必要

## ウルトラ三つ子素数の分布の予想

---

### $t \leqq x$ のウルトラ三つ子素数 $(at+b,\ t,\ ct+d)$ の組の数

$(a,b$ は互いに素　かつ $a+b \equiv 1 \pmod 2)$ かつ

$c,d$ が互いに素　かつ $c+d \equiv 1 \pmod 2)$ かつ

$ac \equiv bd \not\equiv 0 \pmod 3$ ではない（水谷一氏))

$$\sim 4 \cdot \frac{9}{8} \prod_{p \geq 5 \text{の素数}} \frac{p^2(p-3)}{(p-1)^3} \int_2^x \frac{1}{\log(at+b)\log t \log(ct+d)} dt$$

$((3 \text{ が } a \text{ か } b \text{ の約数）かつ（} 3 \text{ が } c \text{ か } d \text{ の約数）場合）} \times \frac{3-1}{3-2}$

$$\times \prod_{\substack{p \geq 5 \text{の素数で,}(p \text{が} a \text{か} b \text{の約数）または（} p \text{が} c \text{か} d \text{の約数）} \\ \text{または（} p \text{が} a-c \text{と} b-d \text{の公約数）または（} p \text{が} a+c \text{と} b+d \text{の公約数）}}} \frac{p-2}{p-3}$$

$$\times \prod_{p \geq 5 \text{の素数で,}(p \text{が} a \text{か} b \text{の約数）かつ（} p \text{が} c \text{か} d \text{の約数）}} \frac{p-1}{p-2}$$

---

## $\frac{3-1}{3-2}$ を乗じる理由

- $(3 \text{ が } a \text{ か } b \text{ の約数）かつ（} 3 \text{ が } c \text{ か } d \text{ の約数）ならば，} at+b,\ t,$
$ct+d$ が3つとも3の倍数でない確率は

  $(\frac{3-2}{3}$ ではなく，$)$ $\frac{3-1}{3}$

  $\Rightarrow$ したがって，このような場合，調整を上書きする必要があり，

  $\frac{\frac{3-1}{3}}{\frac{3-2}{3}} = \frac{3-1}{3-2}$ を乗じる必要

## $\prod \frac{p-2}{p-3}$ を乗じる必要

- $(p \text{ が } a \text{ か } b \text{ の約数）または（} p \text{ が } c \text{ か } d \text{ の約数）}$
  と $b-d$ の公約数）または（$p$ が $a+c$ と $b+d$ の公約数）の場合，
  $at+b,\ t,\ ct+d$ が3つとも $p$ の倍数でない確率は

$(\dfrac{p-3}{p}$ ではなく, $)$　$\dfrac{p-2}{p}$

⇒ したがって，このような条件を満たすすべての素数 $p$ について，調整を上書きする必要があり，

$\dfrac{\frac{p-2}{p}}{\frac{p-3}{p}}=\dfrac{p-2}{p-3}$ を乗じる必要

## $\displaystyle\prod \dfrac{p-1}{p-2}$ を乗じる必要

- （$p$ が $a$ か $b$ の約数）かつ（$p$ が $c$ か $d$ の約数）の場合，　$at+b$, $t$, $ct+d$ が 3 つとも $p$ の倍数でない確率は

$(\dfrac{p-2}{p}$ ではなく, $)$　$\dfrac{p-1}{p}$

⇒ したがって，このような条件を満たすすべての素数 $p$ が $c$ か $d$ の について，調整を上書きする必要があり，

$\dfrac{\frac{p-1}{p}}{\frac{p-2}{p}}=\dfrac{p-1}{p-2}$ を乗じる必要

## 具体例

$t\leq x$ のウルトラ三つ子素数 $(3t+10,\ t,\ 4t+3)$ の組の数

$$\sim 4\cdot\dfrac{9}{8}\prod_{p\geq 5\text{の素数}}\dfrac{p^2(p-3)}{(p-1)^3}\int_2^x\dfrac{1}{\log(3t+10)\log t\log(4t+3)}dt$$
$$\times\dfrac{3-1}{3-2}\times\dfrac{5-2}{5-3}$$

| $x$ | 100 | 1,000 | 10,000 | 100,000 | 1,000,000 |
|---|---|---|---|---|---|
| 実際 | 8 | 29 | 127 | 667 | 3,706 |
| 予想 | 13 | 37 | 136 | 641 | 3,556 |

# 第6章

# 高校生の定義した新しい完全数, その衝撃

## 1 桐山君と完全数

　高専生（高校生）桐山君（津山工業高等専門学校生　電気電子工学科2年）は単独で独自に行っていた整数の研究において新しい完全数を定義しその性質を調べた. 高校生のオリジナルな研究である. これが衝撃でなくて何だろう. 以下, 彼の研究の要点を説明する.

### 1.1 完全数入門

　初めてこのような研究に接する高校生読者も多いと思われる. そこで完全数の関連事項をまず説明する.

　$2^e$ の約数は $1, 2, 4, \cdots, 2^e$ である. その和が素数 $p$ になるとき, $a = 2^e p$ をユークリッドの完全数という.

　一般に整数 $a$ に対してその約数の和を $\sigma(a)$（英語では divisor function, 約数関数; ユークリッド関数ともいう ）で表す. したがって $\sigma(2^e)$ は $p$ になる. 素数 $q$ の約数は $1$ と $q$ なので $\sigma(q) = q+1$ を満たす. そしてこの性質は素数を特徴づける.

　等比数列の和の公式によれば $\sigma(2^e) = 2^{e+1} - 1$ になる. よって, $p = 2^{e+1} - 1$.

　ここで $a, b$ が互いに素なとき $\sigma(ab) = \sigma(a)\sigma(b)$ を満たすことに注意する（これを $\sigma(a)$ の乗法性という）.

　$p = 2^{e+1} - 1$ が素数（メルセンヌ素数という）のとき $a = 2^e p$ とおくと

$$\sigma(a) = \sigma(2^e p) = \sigma(2^e)\sigma(p) = (2^{e+1} - 1)(p + 1).$$

これを次のように変形する.

$$
\begin{aligned}
(2^{e+1} - 1)(p + 1) &= (2^{e+1} - 1)p + 2^{e+1} - 1 \\
&= 2^{e+1}p - p + 2^{e+1} - 1 \\
&= 2a - p + 2^{e+1} - 1.
\end{aligned}
$$

$\sigma(2^e) = 2^{e+1} - 1$ は $p$ になるので $2a - p + 2^{e+1} - 1 = 2a$. よって $\sigma(a) = 2a$ を満たす.

驚いたことに BC300 年頃活躍した数学者ユークリッドはすでにこのような結果をえていた.

一般に $\sigma(a) = 2a$ を満たす正の整数 $a$ を完全数（perfect numbers）という. したがってユークリッドの完全数は完全数になる.

完全数という名前が美しく印象的であり, そのために研究が加速されたこともあった.

古くからある数学の大難問は完全数はユークリッドの完全数に限るか, という問題である.

オイラーによって, 偶数の完全数はユークリッドの完全数になることが示された. 奇数完全数は存在しないと想像されているが 2400 年たっても証明ができる兆しすらない.

## 1.2 完全数の数表

最初得られた 4 つの完全数は 6（週 6 日働く）,28（2 月は 28 日）,496（仕組む, と覚える）,8128（やい, ニヤケルナ, と覚える）である. これら 4 つの数は, それぞれ, 1,2,3,4 桁であり, 末尾の数は 6,8,6,8 となっている.

　5 番目の完全数 5 桁で末尾の数は 6 の番だ, と思われたが 1800 年もたって
から発見された 5 番目の完全数は 33550336 (三々五々輪耳六個と覚える). こ
れは 8 桁で末尾の数は 6. 2015 年には, 49 番目の完全数が Curtis Cooper に
より発見された.

**表 6.1　完全数 $a$ の数表, $p = 2^{e+1} - 1$ : メルセンヌ素数**

| $e \bmod 4$ | $e$ | $2^e * p$ | $a$ | $a \bmod 10$ | $p \bmod 10$ |
|---|---|---|---|---|---|
| 1 | 1 | $2 * 3$ | 6 | 6 | 3 |
| 2 | 2 | $2^2 * 7$ | 28 | 8 | 7 |
| 0 | 4 | $2^4 * 31$ | 496 | 6 | 1 |
| 2 | 6 | $2^6 * 127$ | 8128 | 8 | 7 |
| 0 | 12 | $2^{12} * 8191$ | 33550336 (1456 年) | 6 | 1 |
| 0 | 16 | $2^{16} * 131071$ | 8589869056 (Cataldi,1588 年) | 6 | 1 |
| 2 | 18 | $2^{18} * 524287$ | 137438691328 (Cataldi,1588 年) | 8 | 7 |
| 2 | 30 | $A$ | $B$ (Euler, 1772 年) | 8 | 7 |
| 0 | 60 | $C$ | $D$ ( Pervushin, 1883 年) | 6 | 1 |

$A = 2^{30} * 2147483647,\ B = 2305843008139952128$

$C = 2^{60} * 2305843009213693951$

$D = 2658455991569831744654692615953842176$

$a > 10$ のとき次の結果が観察される. 証明は容易.

$e \equiv 0 \bmod 4 \Longrightarrow a \equiv 6 \bmod 10, p \equiv 1 \bmod 10,$

$e \equiv 2 \bmod 4 \Longrightarrow a \equiv 8 \bmod 10, p \equiv 7 \bmod 10.$

　ユークリッドの完全数の末尾 1 桁は 6 または 8 であり, 完全数のもつ簡単だ
が美しい性質として古くから数学者によって注目されてきた.

## 2 桐山君の考え

さて桐山君は 2 の代わりに素数 $P$ をとり $\sigma(P^e)$ が素数の場合を考え $q = \sigma(P^e)$ とおいた.

$\overline{P} = P - 1$ を使うと

$$(P-1)\sigma(P^e) = P^{e+1} - 1.$$

そこで $a = P^e q$ とおくとき $\sigma(a) = \sigma(P^e)\sigma(q)$ に $\overline{P}$ をかけて,

$$\begin{aligned}
\overline{P}\sigma(a) &= (P^{e+1} - 1)(q+1) \\
&= P^{e+1}q + P^{e+1} - (q+1) \\
&= Pa + P^{e+1} - 1 - q \\
&= Pa + (P-2)\sigma(P^e).
\end{aligned}$$

かくて,

$$\overline{P}\sigma(a) - Pa = (P-2)\sigma(P^e). \tag{6.1}$$

### 2.1 桐山の完全数

$e$ を $n$ に変える. 与えられた $P$ と $n$ に対し式

$$(P-1)\sigma(a) - Pa = (P-2)\sigma(P^n)$$

を $a$ についての方程式とみなす. この解として出てくる数は完全数の一般化と考えられ興味深いと桐山君は考える.

(メルセンヌ素数とその派生数の一般化に関する研究,2016/12 桐山翔伍；高校生科学技術チャレンジ 2016 年 12 月で発表された).

ここではこの解を桐山の完全数ということにする.

$q = \sigma(P^n)$ が素数の時 $P^n q$ は究極の完全数（後で説明する）である.

$(P-1)\sigma(a) - Pa = (P-2)\sigma(P^n)$ の解 $a$ を（$P^n q$ をシード (seed) とする）桐山の完全数という.

とくに $a = P^n Q$（$P, Q$ ともに素数）と書けるときこれを正規形の解という

## 2.2 究極の完全数

　一般に素数 $P$ に対して $Q = \sigma(P^n)$ が素数になるとき $a = P^n Q$ を $P$ を底とする正規形の究極の完全数という. 前項の結果により

$$\overline{P}\sigma(a) - Pa = P^{n+1} - q - 1 = \overline{P}q - q = (P-2)q.$$

　一般に $\mathrm{Maxp}(a)$ によって, $a$ の最大素因子を表すことにする.

　この記号を使うと

$$\overline{P}\sigma(a) - Pa = (P-2)\mathrm{Maxp}(a)$$

となり, この式を満たす $a$ を (平行移動の無い) 究極の完全数 (Iitaka 2015) という.

　実際, $P = 2$ なら $\sigma(a) - 2a = 0$ となりユークリッドの完全数の定義式になる.

　桐山の完全数では $(P-2)\sigma(P^n)$ となっているところが究極の完全数の定義では $(P-2)\mathrm{Maxp}(a)$ になっているだけで両者は類似した構造である. $P = 2$ ならどちらも完全数の方程式になる.

# 3　究極の完全数の文献

　私は大学を退職後, 高校生の数学研究の指導という未知のしかし魅力的な仕事に熱中している. そこで高校生にとって魅力のある完全数の一般化という主題のもとに研究し新しい結果は日本数学会の年会で発表している.

　神田の書店：書泉グランデの 7 階で年 1 2 回の講義を継続して行っている. その経緯をご存知の方は, 飯高の努力が実ってできた成果の 1 つが桐山の完全数なのだろうと思われるかもしれない. そうではない. 桐山君は自分で考え続け新しい完全数に至った. そして 高専の松田修教授に話したところ, 「飯高先生も同じようなことをやっているよ」と言われて初めて私との接点が生まれた. その故に, 桐山君の完全数の発見は衝撃なのだ. そのうち小学生が「完全数よりいいものができた」と言ってくるかもしれない.

　究極の完全数がいつ登場したのか調べてみた．2015 年の 3 月に明治大学で開催された日本数学会の年会での飯高の講演（究極の完全数とその平行移動）が初出らしい．そのときのアブストラクト（電子版）を一部修正して再録する．

　$P$ を素数とし $\sigma(P^e)$ が素数 $q$ のとき $a = P^e q$ を底が $P$ の **究極の完全数** と呼ぼう．このとき $q = \dfrac{P^{e+1} - 1}{\overline{P}}$ となる．

　究極の完全数を整数 $m$ だけ平行移動しよう．

　$q = \dfrac{P^{e+1} - 1}{\overline{P}} + m$ は素数として $a = P^e q$ を $m$ だけ平行移動した底が $P$ の（狭義の）完全数と呼ぶ．

　さて
$$\overline{P}\sigma(a) = \overline{P}\sigma(P^e q) = (P^{e+1} - 1)(q + 1)$$

に注意し，$q + 1 = \dfrac{P^{e+1} + P - 2}{\overline{P}} + m$ を用いて次のように式変形する．

$$
\begin{aligned}
\overline{P}\sigma(a) &= (P^{e+1} - 1)(q + 1) \\
&= \overline{P}(q - m)(q + 1) \\
&= \overline{P}q(q + 1) - \overline{P}m(q + 1) \\
&= \overline{P}q\left(\frac{P^{e+1} + P - 2}{\overline{P}} + m\right) - \overline{P}m(q + 1) \\
&= Pa + q(P - 2) - m\overline{P}.
\end{aligned}
$$

これより次の方程式ができる．

$$\overline{P}\sigma(a) - Pa = (P - 2)\mathrm{Maxp}(a) - m\overline{P}. \tag{6.2}$$

この解を $m$ だけ平行移動した底が $P$ の（広義の）究極の完全数と呼ぶ．

　広義の究極の完全数は素数 $q = \dfrac{P^{e+1} - 1}{\overline{P}} + m$ を基にして $a = P^e q$ とかけるか？ という問題を究極の完全数の基本問題という．

　これが一般に成立するはずはなく反例を探しその意味を考えることになる．

## 3.1 桐山の完全数, 計算

$P = 3, n = 2$ のとき $\sigma(3^2) = 1 + 3 + 3^2 = 13$ は素数なので $3^2 * 13$ は究極の完全数. これをシードにする方程式

$$2\sigma(a) - 3a = 13$$

ができる. その解は（桐山君も同じ解を得ている）

表 6.2　$[P = 3, n = 2]$ 桐山完全数

| $e$ | $a$ | 素因数分解 |
|---|---|---|
| 2 | 117 | $3^2 * 13$ |
| 3 | 1809 | $3^3 * 67$ |
| 4 | 18549 | $3^4 * 229$ |

この解 $a = 1809 = 3^3 * 67$ と $a = 18549 = 3^4 * 229$ は桐山の完全数だが, 究極の完全数ではない. 実際, $\sigma(3^3) = \dfrac{3^4 - 1}{2} = 40$ となる.

$P = 5, n = 2$ のとき $\sigma(5^2) = 31$ は素数なので究極の完全数.

$5^2 * 31$ をシードにすると方程式

$$4\sigma(a) - 5a = 31$$

ができる. その解は $5^2 * 31$ 以外にあるかが当面の課題になる. $a < 10^6$ ではこの他の解はない.

## 3.2 $P = 3, m = 0$ のときの究極の完全数

ここで $m$ は平行移動のパラメータ.

表 6.3　$P = 3, m = 0$ のときの究極の完全数

| $e$ | $a$ | 素因数分解 |
|---|---|---|
| | 4 | $2^2$ |
| 2 | 117 | $3^2 * 13$ |
| 6 | 796797 | $3^6 * 1093$ |
| | 1212741 | $3^2 * 47^2 * 61$ |

$117 = 3^2 * 13$ の他に $796797 = 3^6 * 1093$ も究極の完全数で正規形の解である.

完全数で正規形の解 $3^6 * 1093$ をシードにする方程式

$$2\sigma(a) - 3a = 1093$$

ができる. その解は $3^6 * 1093$. この他の解は $a < 10^6$ では存在しない.

### 3.3 種無し完全数

$P = 3, n = 4$ のとき $\sigma(P^4) = 121 = 11^2$. これは素数ではないから $3^4 \sigma(3^4)$ は究極の完全数ではない. しかし方程式

$$2\sigma(a) - 3a = 121$$

ができてこれを満たす解は $a = 147501 = 3^5 * 607$ のみしか発見できない.

これは何かをシードにしてできた方程式ではないがここから出てくる解も桐山の完全数である. これは種無し完全数と言ってもいいだろう.

## 4　$m$ だけ平行した広義の完全数

$m$ だけ平行した究極の完全数の方程式は

$$\overline{P}\sigma(a) - Pa = (P-2)\mathrm{Maxp}(a) - m\overline{P}$$

でありこれを満たす $a$ を $m$ だけ平行した（広義の）究極の完全数という.

　この解が正規形になっているとは, $a = P^f Q, (Q: 素数)$ のかたちに表せることである.

　そこで $a = P^f Q$ を代入すると,

$$\overline{P}\sigma(a) - Pa = (P^{f+1} - 1)(Q + 1) - P^{f+1}Q.$$

これより $(P^{f+1} - 1)(Q + 1) - P^{f+1}Q = P^{f+1} - Q - 1$ によれば,

$$P^{f+1} - 1 = \overline{P}(Q - m).$$

　これは $\sigma(P^f) + m$ が素数 $Q$ のとき $a = P^f Q$ が究極の（狭義の）完全数になることを意味する.

　究極の完全数のとき正規形の方が解を求めやすい. そこで桐山の完全数でも正規形の解を求めよう.

## 4.1 桐山の完全数, 正規形の解

　$a = P^e Q$ を桐山の完全数の方程式に代入すると,

$$(P - 2)\sigma(P^n) = (P - 1)\sigma(a) - Pa = (P^{e+1} - 1)(Q + 1) - P^{e+1}Q = P^{e+1} - 1 - Q,$$

なので正規形の解の方程式は

$$P^{e+1} - 1 - Q = (P - 2)\sigma(P^n)$$

になる. 整理して

$$Q = P^{e+1} - 1 - (P - 2)\sigma(P^n).$$

　与えられた $P, n$ に対し $e < 50$ 程度で $e$ を動かして $P^{e+1} - 1 - (P - 2)\sigma(P^n)$ が素数なるものを探しこれを $Q$ として $a = P^e Q$ を求めれば正規形の解ができる.

## 4.2 桐山の完全数の例

　正規形の解 $P^e Q$ の例を挙げる:

与えられた $P, n$ に対し正規形の解 $a = P^e Q$ およびその素因数分解を表示している.

表6.4　$[P = 3, n = 2]$ 桐山の完全数, 正規形

| $e$ | $a$ | 素因数分解 |
|---|---|---|
| 2 | 117 | $3^2 * 13$ |
| 3 | 1809 | $3^3 * 67$ |
| 4 | 18549 | $3^4 * 229$ |
| 7 | 14318289 | $3^7 * 6547$ |
| 16 | 5559059963901429 | $3^{16} * 129140149$ |
| 18 | 450283900467110517 | $3^{18} * 1162261453$ |
| 28 | $A$ | $B$ |

$A = 15700428990817613365461 65109$
$B = 3^{28} * 68630377364869$

これだけデータがあれば $a, Q$ について末尾 1 桁を求める次の結果を予測できよう.

$e \equiv 2 \bmod 4 \Longrightarrow a \equiv 7, Q \equiv 3 \bmod 10,$
$e \equiv 3 \bmod 4 \Longrightarrow a \equiv 9, Q \equiv 7 \bmod 10,$
$e \equiv 0 \bmod 4 \Longrightarrow a \equiv 9, Q \equiv 9 \bmod 10.$

ユークリッドの完全数の末尾 1 桁は 6 または 8 でであったが桐山の完全数は末尾の数が 1 だけ増えた 7 または 9 になっている. これはかわいい結果と言ってよいだろう.

次にこの結果を証明する.

1) $e = 4K + 1$ のとき

法 5 で考える. $Q = 3^{4K+2} - 14 \equiv 9 - 14 = -5 \equiv 0 \mod 5$. この場合は起きない.

2)

$e = 4K + 2$ のとき: $Q = 3^{4K+3} - 14 \equiv 27 - 14 = 13 \equiv 3 \mod 5$.

$Q$ は奇数なので $Q \equiv 3 \mod 10$.

$a = 3^e Q \equiv 2 \mod 5$ かつ $a$ は奇数なので $a \equiv 7 \mod 10$.

3)

$e = 4K + 3$ のとき: $Q = 3^{4K+4} - 14 \equiv 1 - 14 = -13 \equiv 2 \mod 5$.

$Q$ は奇数なので $Q \equiv 7 \mod 10$.

$a = 3^e Q \equiv 54 = 55 - 1 \equiv 4 \mod 5$. $a$ は奇数なので $a \equiv 9 \mod 10$.

4)

$e = 4K$ のとき:

$$Q = 3^{4K+1} - 14 \equiv 3 - 14 = -11 \equiv 4 \mod 5$$

$Q$ は奇数なので $Q \equiv 9 \mod 10$.

$$a = 3^e Q \equiv 4 \mod 5$$

$a$ は奇数なので $a \equiv 9 \mod 10$.

## 5　$P = 3, n = 4$ のときの正規形の解

$P = 3, n = 4$ のとき正規形の解である完全数 $a$ を求めた計算結果は次のとおり.

表 6.5  $[P=3, n=4]$ 完全数, 正規形

| $e$ | $a$ | 素因数分解 |
|---|---|---|
| 5 | 147501 | $3^5 * 607$ |
| 15 | 617671645717293 | $3^{15} * 43046599$ |
| 31 | 1144561273430762138731603054893 | $3^{31} * 1853020188851719$ |
| 40 | 4434264882430377684650144446142045790 81 | $3^{40} * 36472996377170786281$ |
| 41 | 3990838394187339925084541117557513094061 | $3^{41} * 109418989131512359087$ |
| 47 | $A$ | $B$ |

$A = 2120895147045314119488365752161051928228962093$

$B = 3^{47} * 797664430768725098 63239$

$P=3, n=4$ のときの解を計算機による全数調査で調べたが解は $a = 147501 = 3^5 * 607$ しかでかった. 今回は解を正規形にって探索したので能率よく多くの解がでてきた. その結果 $a, Q$ についてその末尾 1 桁を求める研究が可能になった.

この表によると次の結果が推測できる.

$e \equiv 0 \bmod 4 \Longrightarrow a \equiv 1 \bmod 10; Q \equiv 1 \bmod 10$

$e \equiv 1 \bmod 4 \Longrightarrow a \equiv 1 \bmod 10; Q \equiv 7 \bmod 10$

$e \equiv 3 \bmod 4 \Longrightarrow a \equiv 3 \bmod 10; Q \equiv 9 \bmod 10$

これを次に証明する.

$2\sigma(a) - 3a = \sigma(3^4) = 121$ なので $3^{e+1} - 122$ が素数 $Q$ になる $e$ のあるとき $3^e Q$ は桐山の完全数はになる.

1) $e \equiv 2 \bmod 4$ のとき $Q$ は 5 の倍数.

Proof.

$e = 4K + 2$ なので $3^4 = 81 \equiv 1 \bmod 5$ に注目して

$$Q = 3^{e+1} - 122 = 3^{4K+3} - 122 \equiv 27 - 2 \equiv 0 \bmod 5.$$

$Q$ は素数ではないので起きない.

2) $e \equiv 0 \mod 4$ のとき.

$$Q = 3^{e+1} - 122 = 3^{4K+1} - 122 \equiv 3 - 2 \equiv 1 \mod 5.$$

$a = 3^e Q \equiv 1 \mod 5.$

3) $e \equiv 1 \mod 4$ のとき.

$$Q = 3^{e+1} - 122 = 3^{4K+1} - 122 \equiv 9 - 2 = 7 \mod 5.$$

$a = 3^e Q \equiv 3 \times 2 \equiv 1 \mod 5.$

4) $e \equiv 3 \mod 4$ のとき.

$$Q = 3^{e+1} - 122 = 3^{4K+4} - 122 \equiv 1 - 2 = 4 \mod 5.$$

よって, $Q \equiv 9 \mod 10$. $a = 3^e Q \equiv 3 \times 12 \equiv 2 \mod 5$. よって, $a \equiv 9 \mod 7$.

## 6.1 $P = 3, n = 6$ のときの桐山の完全数, 正規形

$P = 3, n = 6$ のとき正規形の解である完全数 $a$ を求めた.

表6.6　$[P = 3, n = 6]$ 桐山の完全数, 正規形

| $e$ | $a$ | 素因数分解 |
|---|---|---|
| 6 | 796797 | $3^6 * 1093$ |
| 10 | 0395753597 | $3^{10} * 176053$ |
| 16 | 5559013473442749 | $3^{16} * 129139069$ |
| 24 | 2392993289216396166679869 | $3^{24} * 847288608349$ |

前編の 3.2 では $a = 3^6 * 1093$ までしか出ていない. 巨大な完全数がさらに 3 つも見つけられた.

## 5.2 $P = 5, 7$ のときの桐山の完全数, 正規形

$a = 5^2 * 31$ をシードとする.

表6.7　$[P=5, n=2]$ 桐山の完全数, 正規形

| $e$ | $a$ | 素因数分解 |
|---|---|---|
| 2 | 775 | $5^2 * 31$ |
| 6 | 1219234375 | $5^6 * 78031$ |
| 54 | $A$ | $B$ |

$A = 15407439555097886824447823540679418543086764969984869821928441524505615234375)$
$B = 5^{54} * 2775557561562891351059079170227050 78031$

表6.8　$[P=7, n=4]$ 桐山の完全数

| $e$ | $a$ | 素因数分解 |
|---|---|---|
| 4 | 6725201 | $7^4 * 2801$ |
| 5 | 1741927901 | $7^5 * 103643$ |
| 21 | 2183814375991788776115939902278030301 | $7^{21} * 3909821048582974043$ |

1つしかないが次は正しいかも知れない. この結果の証明も読者に委ねる.

$$e \equiv 1 \bmod 4 \Longrightarrow a \equiv 1 \bmod 100; Q \equiv 43 \bmod 100.$$

## 6　$m$ だけ平行移動した広義の究極の完全数

$m$ だけ平行移動した究極の完全数の方程式は

$$\overline{P}\sigma(a) - Pa = (P-2)\mathrm{Maxp}(a) - m\overline{P}$$

である. この解が正規形になっているとは, $a = P^f Q, Q$:素数のかたちに表せることである.

$a = P^f Q$ を代入すると,

$$\overline{P}\sigma(a) - Pa = (P^{f+1} - 1)(Q+1) - P^{f+1}Q.$$

これより $(P^{f+1}-1)(Q+1)-P^{f+1}Q = P^{f+1}-Q-1$ によれば,

$$P^{f+1}-1 = \overline{P}(Q-m).$$

これは $\sigma(P^f)+m=Q$ が素数のとき $a=P^f Q$ が究極の (狭義の) 完全数になることを意味する. 究極の完全数のとき正規形の解は求めやすい.

## 7　$m$ だけ平行移動した桐山の完全数

そこで桐山の完全数の場合も平行移動を考えてみたら, 思いのほかうまくいった.

$q=\sigma(P^e)+m, (q$ は素数$)$ と仮定する.

$a=P^e q$ とおくとき $\overline{P}(q-m) = P^{e+1}-1$ および $q-m = \sigma(P^e)$ なので

$$
\begin{aligned}
\overline{P}\sigma(a) &= (P^{e+1}-1)(q+1) \\
&= Pa + P^{e+1}-q-1 \\
&= Pa - q + (q-m)\overline{P} \\
&= Pa - q + (q-m)(P-2+1) \\
&= Pa + (q-m)(P-2) - m \\
&= Pa - m + (P-2)\sigma(P^e)
\end{aligned}
$$

ゆえに次の式ができるがこれを $a$ についての方程式とみる.

$$\overline{P}\sigma(a) - Pa = (P-2)\sigma(P^n) - m.$$

この方程式の解を与えられた $P,n,m$ に対し $m$ だけ平行移動した桐山の完全数という.

## 7.1 $m$ だけ平行移動した桐山の完全数の計算例

**表 6.9** $[P = 3, n = 2, m = -2](a < 2 \times 10^6)$; $m$ だけ平行移動した桐山の完全数

| $e$ | $a$ | 素因数分解 |
|---|---|---|
| 2 | 99 | $3^2 * 11$ |
| | 147 | $3 * 7^2$ |
| 4 | 18387 | $3^4 * 227$ |
| | 100347 | $3 * 13 * 31 * 83$ |
| | 145915 | $5 * 7 * 11 * 379$ |

$a = 99 = 3^2 * 11$ と $a = 18387 = 3^4 * 227$ は正規形の解.

さらに非正規形の解がいくつかでてきた.

$a = 147 = 3 * 7^2$ は尾の部分が持ち上がって 2 つに割れた twin tail (ウルトラマンの怪獣) を連想させる.

$a = 100347 = 3 * 13 * 31 * 83$ と $a = 145915 = 5 * 7 * 11 * 379$ はオビの拡張形.

$m = 0$ の場合は非正規形の解は未発見.

**表 6.10**　$[P=3, n=2, m=4](a < 2 \times 10^6)$; $m$ だけ平行移動した桐山の完全数

| $e$ | $a$ | 素因数分解 |
|---|---|---|
| 2 | 153 | $3^2 * 17$ |
| | 957 | $3 * 11 * 29$ |
| 3 | 1917 | $3^3 * 71$ |
| 4 | 18873 | $3^4 * 233$ |
| | 24957 | $3^2 * 47 * 59$ |
| | 29637 | $3^2 * 37 * 89$ |
| | 67077 | $3^2 * 29 * 257$ |
| | 138237 | $3 * 11 * 59 * 71$ |
| 5 | 174717 | $3^5 * 719$ |
| | 201597 | $3 * 11 * 41 * 149$ |

ここで出てきた解はいろいろあってまことに興味深い.

$a = 153 = 3^2 * 17$, $a = 1917 = 3^3 * 71$ , $a = 18873 = 3^4 * 233$ , $a = 174717 = 3^5 * 719$ . これらは正規形の解

$a = 957 = 3 * 11 * 29$, $a = 24957 = 3^2 * 47 * 59$, $a = 29637 = 3^2 * 37 * 89$, $a = 67077 = 3^2 * 29 * 257$. これらは $3^e qr$ 型の解

$a = 138237 = 3 * 11 * 59 * 71$, $a = 201597 = 3 * 11 * 41 * 149$. これらはオビの拡張形.

$[P = 3, n = 2, m = 10]$ のときの解も次のように興味深い.

表 6.11  $[P=3, n=2, m=10](a < 2 \times 10^6)$; $m$ だけ平行移動した桐山の完全数

| $e$ | $a$ | 素因数分解 |
|---|---|---|
| 2 | 207 | $3^2 * 23$ |
|  | 1023 | $3 * 11 * 31$ |
|  | 2975 | $5^2 * 7 * 17$ |
| 4 | 19359 | $3^4 * 239$ |
|  | 147455 | $5 * 7 * 11 * 383$ |
|  | 1207359 | $3^3 * 97 * 461$ |
|  | 5017599 | $3^3 * 83 * 2239$ |

## 7.2 正規形の解

$a = P^e Q$ が正規形の解のとき

$$\overline{P}\sigma(a) - Pa = (P^{e+1}-1)(Q+1) - P^{e+1}Q = P^{e+1} - Q - 1$$

によって

$$P^{e+1} - Q - 1 = (P-2)\sigma(P^n) - m.$$

$P^{e+1} - 1 - (P-2)\sigma(P^n) + m$ が素数になるときこれを $Q$ とおくと, $a = P^e Q$ が解になる.

**表 6.12**  $[P=3, n=2, m=-2]$ 桐山完全数, 正規形の解

| $e$ | $a$ | 素因数分解 |
|---|---|---|
| 2 | 99 | $3^2 * 11$ |
| 4 | 18387 | $3^4 * 227$ |
| 10 | 10459408419 | $3^{10} * 177131$ |
| 14 | 68630300837379 | $3^{14} * 14348891$ |
| 50 | $A$ | $B$ |
| 68 | $C$ | $D$ |

$A = 15461325621960339931093719029290607484649022242019$

$B = 3^{50} * 21536939630755577663107 31$

$C = 232066203043628532565045340531178154842313139674585263977935775187$

$D = 3^{68} * 8343851683310805337718573286 95267$

ここで簡単に観察すると, $a$ の末尾 1 桁の数は $7, 9$ になるらしい.

読者には証明を考えることをすすめる.

表 6.13  $[P = 3, n = 2, m = 4]$ 桐山の完全数, 正規形の解

| $a$ | 素因数分解 | |
|---|---|---|
| 2 | 153 | $3^2 * 17$ |
| 3 | 1917 | $3^3 * 71$ |
| 4 | 18873 | $3^4 * 233$ |
| 5 | 174717 | $3^5 * 719$ |
| 7 | 14327037 | $3^7 * 6551$ |
| 16 | 5559060136088313 | $3^{16} * 129140153$ |
| 17 | 50031543807598077 | $3^{17} * 387420479$ |
| 20 | 36472996342302942393 | $3^{20} * 10460353193$ |
| 21 | 328256967289933545597 | $3^{21} * 31381059599$ |
| $A$ | $B$ | |
| $C$ | $D$ | |

$A = 7509466514979724303631264968260477$
$B = 3^{35} * 150094635296999111$
$C = 608266787713357704616844933708887677$
$D = 3^{37} * 1350851717672992079$

観察すると, $a$ の末尾 1 桁の数は 3,7 になるらしい. 手ごろな練習問題として証明できるであろう.

## 第7章

# フェルマ 完全数とは何か

## 1　フェルマ 完全数

完全数の定義を参考にして

$$\sigma(a) = 2a - 2$$

を満たす $a$ を調べよう. $a$ を偶数と仮定して $a = 2^e q, (q = 2^{e+1} + 1 : 素数)$ の形になることを示したい. しかしこれが難しい.

実際, $a = 2^e L, (L:奇数)$ と表し $\sigma(a) = (2^{e+1} - 1)\sigma(L)$ と書き, $N = 2^{e+1} - 1$ とおくと, $\sigma(a) = N\sigma(L), 2a - 2 = 2^{e+1}L - 2 = (N+1)L - 2$.

$$\sigma(a) = N\sigma(L) = (N+1)L - 2$$

ゆえに, $N(\sigma(L) - L) = L - 2$.

完全数の場合なら, $\sigma(a) = 2a$ を満たすので $N(\sigma(L) - L) = L$ になる. よって, $d = \sigma(L) - L$ が $L$ の約数になり, 議論が進む.

しかし今の場合は $Nd$ を満たすので $d$ が $L - 2$ の約数になるだけでこれ以上議論が進まない. いわゆるデッドロックである.

そこで $\sigma(a) = 2a - 2$ を満たすとき $,a = 2^e q, (q : 素数)$ の形をしていると仮定しよう.

定義から

$$\sigma(a) = (2^{e+1} - 1)(q + 1) = 2a - 2 = 2^{e+1}q - 2$$

となりこれより $q = 2^{e+1} + 1$ をえる.

$q = 2^{e+1} + 1$ が素数のとき $e + 1$ は 2 のべき, すなわち $2^m$ とかける.

そこで $F_m = 2^{2^m} + 1$ と書ける数 $F_m$ を フェルマ 数. とくに素数になるときフェルマ 素数という.

$m = 0, 1, 2, 3, 4$ のとき $F_m$ は素数になる. これら以外のフェルマ 素数は知られていない. 6 番目のフェルマ 素数はあるかどうかまったく分からない. もし見つかれば, ニューヨークタイムズのトップ記事になったとしても不思議ではない.

そこでユークリッドの完全数にならって, $e = 2^m - 1$ とするとき

- $F_m$ がフェルマ 素数のとき $2^e F_m$ をフェルマ 完全数
- $F_m$ がフェルマ 数のとき $2^e F_m$ をフェルマ 弱完全数

と言うことにする.

フェルマ 完全数は 5 個しか知られていないが, フェルマ 弱完全数なら無限にある. したがって研究しやすい.

## 1.1 数値例

### 表 7.1　$P = 2$; フェルマ 弱完全数

| $m$ | $2^m$ | $e = 2^m - 1$ | $a_m = 2^c F_m$ | $(F_m)$=素因数分解 |
|---|---|---|---|---|
| 0 | 1 | 0 | 3 | (3)=3 |
| 1 | 2 | 1 | 10 | (5)=5 |
| 2 | 4 | 3 | 136 | (17)=17 |
| 3 | 8 | 7 | 32896 | (257)=257 |
| 4 | 16 | 15 | 2147516416 | (65537)=65537 |
| 5 | 32 | 31 | 9223372039002259456 | (4294967297)=641*6700417 |
| 6 | 64 | 63 | $A$ | $B$ |
| 7 | 128 | 127 | $C$ | $D$ |

$A=$ 170141183460469231740910675752738881536

$B=$ (18446744073709551617)=274177*67280421310721

$C=$ 57896044618658097711785492504343953926805133516280751251460479307672448925696

$D=$ (340282366920938463463374607431768211457)=59649589127497217*5704689200685129054721

## 1.2 フェルマ の弱完全数

普通の完全数（ユークリッドの完全数）の最初の 4 つは 6,28,496,8128 であり, その末尾 1 桁の数は 6 または 8. この性質はユークリッドの発見による.

フェルマ の弱完全数ではどうか.

最初の 4 つは 3,10,136,32896 であり, その末尾 1 桁の数は（1,2 番を無視して）3 番目からに限ると, 6 である. フェルマ数の末尾 1 桁の数は 3 番目からに限ると, 7 である.

何となく 完全数に近い性質を持っているではないか.

フェルマ の完全数という言い方がすでにあるかどうかわからないが, 新しい

用語フェルマ の完全数 をここで提案する次第である. そこで読者もフェルマ
の完全数 の宣伝, 広報の仕事に参加してほしい.

10 を街で見かけたら, フェルマ の完全数を見つけた, と叫ぼう.

Windows 10 という命名の背後に 10 は 2 番目のフェルマ の完全数だから
この名前がついた, と勝手に思い込むことにしよう.

## 2  オイラーの結果

フェルマ 数 $F_m$ の素因子を $Q$ とおく. $E = 2^m$ を用いると

$$F_m = 2^E + 1 \equiv 0 \mod Q.$$

$E = 2^m$ によって

$$2^E = 2^{2^m} \equiv -1 \mod Q.$$

ゆえに

$$(2^E)^2 = 2^{2^{m+1}} \equiv 1 \mod Q.$$

$Q$ を法とすると 2 の位数は $2^{m+1}$ の約数であるが $2^E = 2^{2^m} \equiv -1$ によっ
て $Q$ を法とする 2 の位数は $2^{m+1}$.

$2^E = 2^{2^m} \equiv -1 \mod Q$ により $Q \neq 2$. フェルマの小定理によって

$2^{Q-1} \equiv 1 \mod Q$. $Q_1 = Q - 1$ は位数 $2^{m+1}$ の倍数なので, $Q_1 = 2^{m+1}K$
と整数 $K$ で表せる.

ここで $K = 1$ なら $Q = Q_1 + 1 = 2^{m+1} + 1$ これもフェルマ素数. この結果
はオイラーによる.

$\frac{Q-1}{2} = 2^m K$ によれば

$$2^{\frac{Q_1}{2}} = 2^{2^m K} \equiv (-1)^K \mod Q.$$

オイラーの基準にしたがい $\left(\frac{2}{Q}\right) = 2^{\frac{Q-1}{2}} \mod Q.$

$$\left(\frac{2}{Q_1}\right) = 2^{\frac{Q_1}{2}} \equiv (-1)^K \mod Q.$$

次のようにまとめる.

**定理 45.** $Q = 1 + 2^{m+1}K$ において

- $K$ が奇数なら（$Q_1$ の 2 の指数は $m+1$ のとき）$\left(\frac{2}{Q}\right) = -1$. すなわち, $Q$ を法とするとき 2 は平方非剰余.
- $K$ が偶数なら（$Q_1$ の 2 の指数は $m+2$ 以上のとき）$\left(\frac{2}{Q}\right) = 1$. すなわち, $Q$ を法とするとき 2 は平方剰余.

$m = 5, 6, 7$ のフェルマ数について各素因子 $Q$ に対し $Q_1 = Q - 1$ を素因数分解した結果を次に述べる. これは美しい性質をもっている. $Q_1$ の素因数 2 の指数 $e$ は $m$ 以上である.

表7.2　素因子 $Q$

| $m$ | $Q$ | $Q_1 = Q - 1$ | $Q_1$ の素因数分解 |
|---|---|---|---|
| 5 | 641 | 640 | $[2^7, 5]$ |
| 5 | 6700417 | 6700416 | $[2^7, 3, 17449]$ |
| 6 | 274177 | 274176 | $[2^8, 3^2, 7, 17]$ |
| 6 | 67280421310721 | 67280421310720 | $[2^8, 5, 47, 373, 2998279]$ |
| 7 | 59649589127497217 | 59649589127497216 | $A$ |

ここで $A = [2^9, 116503103764643]$

そこで $m = 5$ のとき素因子の 1 つは $Q = 641$ という例外的に小さい値を持っていることに注意しよう. このため $F_5$ の素因数として 641 がオイラーによって発見されたのである. まさに僥倖としかいいようがない. しかも $Q_1 = Q - 1 = 640 = 2^7 * 5$ という美しい構造を持っている.

## 3　フェルマ の弱完全数の末尾2桁

$f_m = 2^{2^m}, F_m = f_m + 1, B_m = 2^{2^m - 1}$ とおくと, $B_{m+1} = B_m \times f_m, a_m = B_m \times F_m$.

これを 100 を法として計算すると次の表ができる.

表 7.3　$P = 2;$, 法は 100

| $m$ | $2^m$ | $f_m$ | $F_m$ | $B_m$ | $a_m$ |
|---|---|---|---|---|---|
| 2 | 4 | 16 | 17 | 8 | 36 |
| 3 | 8 | 56 | 57 | 28 | 96 |
| 4 | 16 | 36 | 37 | 68 | 16 |
| 5 | 32 | 96 | 97 | 48 | 56 |
| 6 | 64 | 16 | 17 | 8 | 36 |
| 7 | 128 | 56 | 57 | 28 | 96 |

$m$ と $2^m$ には周期性がないが, この表により 100 を法とすると $f_m$ , $F_m$ , $B_m$ , $a_m$ には周期 4 の周期性があることがこの表により分かる.

- $m \equiv 2 \mod 4$ ならば $F_m \equiv 17, a_m \equiv 36 \mod 100$.
- $m \equiv 3 \mod 4$ ならば $F_m \equiv 57, a_m \equiv 96 \mod 100$.
- $m \equiv 0 \mod 4$ ならば $F_m \equiv 37, a_m \equiv 16 \mod 100$.
- $m \equiv 1 \mod 4$ ならば $F_m \equiv 97, a_m \equiv 56 \mod 100$.

## 3.1 フェルマ の弱完全数の末尾 3 桁

表 7.4　$P = 2$ 法は 1000

| $m$ | $2^m$ | $f_m$ | $F_m$ | $B_m$ | $a_m$ |
|---|---|---|---|---|---|
| 2 | 4 | 16 | 17 | 8 | 136 |
| 3 | 8 | 256 | 257 | 128 | 896 |
| 4 | 16 | 536 | 537 | 768 | 416 |
| 5 | 32 | 296 | 297 | 648 | 456 |
| 6 | 64 | 616 | 17 | 808 | 736 |
| 7 | 128 | 456 | 457 | 728 | 696 |
| 8 | 256 | 936 | 937 | 968 | 16 |
| 9 | 512 | 96 | 97 | 48 | 656 |
| 10 | 1024 | 216 | 217 | 608 | 936 |
| 11 | 2048 | 656 | 657 | 328 | 496 |
| 12 | 4096 | 336 | 337 | 168 | 616 |
| 13 | 8192 | 896 | 897 | 448 | 856 |
| 14 | 16384 | 816 | 817 | 408 | 336 |
| 15 | 32768 | 856 | 857 | 928 | 296 |
| 16 | 65536 | 736 | 737 | 368 | 216 |
| 17 | 131072 | 696 | 697 | 848 | 56 |
| 18 | 262144 | 416 | 417 | 208 | 736 |
| 19 | 524288 | 56 | 57 | 528 | 96 |
| 20 | 1948576 | 136 | 137 | 568 | 816 |
| 21 | 2097152 | 496 | 497 | 248 | 256 |
| 22 | 4194304 | 16 | 17 | 8 | 136 |

　$m = 2$ の行の 3 項以後の 16,17,8,136 が $m = 22$ の行の 3 項以後の 16,17,8,136 と同じなので以後繰り返しがおこる.

　$22 - 2 = 20$ なので周期 20 である.

# 4 $P$ を底とするフェルマの弱完全数

フェルマ 完全数の概念を一般化しよう.

$P$ を奇素数とし $E > 0$ について $R = P^E + 1$ とおく. これ は偶数なので $L_E = \frac{R}{2}$ とする. $L_E$ を素数とすると, $E$ は 2 のべきになるので $E = 2^m, m > 0$ とかける.

一般に $E = 2^m$ とかけるとき $L_E$ は奇数であることが証明できる.

実際,$L_E = \frac{R}{2} = 2L'$ とすると $R = 4L'$ なので

$$R = P^E + 1 = 4L' \equiv 0 \mod 4.$$

ゆえに, $P^E \equiv -1$.

一方, $P = 2k + 1$ とおくとき

$$P^E = (2k+1)^{2^m} \equiv 1 \mod 4.$$

これで前の式に矛盾した.

以上を踏まえて, $E = 2^m$ のとき $L_m = \frac{P^E + 1}{2}$ とおく.

これは奇数であり, $P$ を底とするフェルマ数と理解する.

ただし,$P = 2$ のとき $E = 2^m, L_m = F_m = P^E + 1$ とおく.

**補題 46.**

**$e > 1$ について $L_m$ の素因子 $Q$ は $P - 1$ の因子にならない.**

$a_m = P^{2^m - 1} L_m$ を $P$ が底のフェルマの**弱完全数**と定義する.

$L_m$ が素数の場合なら, $a_m$ を $P$ が **底のフェルマの完全数**と呼ぶ.

フェルマの弱完全数はフェルマの完全数に比べて豊富な例を持っている. しかも, フェルマの完全数で言えたことは弱完全数でも成り立つ事がある.

一般の底の場合でもフェルマの完全数は数が少ない. 研究対象が少ないのは研究上不利だ.

一方, 弱完全数は無限にあるので研究材料として有利である.

## 5　オイラーの結果の一般化

$L_E$ は奇数なのでその素因子を $Q$ とおくと

$$P^E + 1 = 2L_E \equiv 0 \mod Q.$$

$E = 2^m$ によって

$$P^E = P^{2^m} \equiv -1 \mod Q.$$

ゆえに

$$(P^E)^2 = P^{2^{m+1}} \equiv 1 \mod Q.$$

$Q$ を法とすると $P$ の位数は $2^{m+1}$ 以下であるが $P^E = P^{2^m} \equiv -1$ によって $2^m$ より大なので, $P$ の位数は $2^{m+1}$.

$P^E = P^{2^m} \equiv -1 \mod Q$ により $Q \neq P$. フェルマの小定理によって $P^{Q-1} \equiv 1 \mod Q$. $Q-1$ は位数 $2^{m+1}$ の倍数なので, $Q-1 = 2^{m+1}K$ この結果は $P = 2$ のときオイラーによる.

$\frac{Q-1}{2} = 2^m K$ によれば

$$P^{\frac{Q-1}{2}} = P^{2^m K} \equiv (-1)^K \mod Q.$$

オイラーの基準にしたがい

$$\left(\frac{P}{Q}\right) = P^{\frac{Q-1}{2}} \equiv (-1)^K \mod Q.$$

次のようにまとめる.

**定理 47.** $Q = 1 + 2^{m+1}K$ において $K$ が奇数なら ($Q-1$ の 2 の指数は $m+1$ のとき) $\left(\frac{P}{Q}\right) = -1$. すなわち, $Q$ を法とするとき $P$ は平方非剰余.

$Q = 1 + 2^{m+1}K$ において $K$ が偶数なら ($Q-1$ の 2 の指数は $m+2$ 以上のとき) $\left(\frac{P}{Q}\right) = 1$. すなわち, $Q$ を法とするとき $P$ は平方剰余.

## 5.1 $P = 3$ の場合

$P = 3$ のときのフェルマ 弱完全数を計算してみよう.

ここで面白い例が出なければ, 底を一般化する試みは失敗したとも言える.

表 7.5    $P = 3$; フェルマ 弱完全数

| $m$ | $2^m$ | $a_m$ | $(L_m)$=素因数分解 |
|---|---|---|---|
| 1 | 2 | 15 | (5)=5 |
| 2 | 4 | 1107 | (41)=41 |
| 3 | 8 | 7175547 | (3281)=17*193 |
| 4 | 16 | 308836705316427 | (21523361)=21523361 |
| 5 | 32 | $A$ | $B$ |
| 6 | 64 | $C$ | $D$ |

$A = 5722806367154190562796729990187$

$B = (926510094425921) = 926510094425921$

$C = 19650307629564305285868121435693253915830840174600831596977077$

$D = (17168419101462562423289245446441) = 17168419101462562423289245446441$

## 5.2 新素数 5 兄弟

$L_1 = 5, L_2 = 41, L_3$ は素数ではない, $L_4 = 21523361$

$L_5 = 926510094425921, L_6 = 17168419101462562423289245446441$

は新しい素数 5 兄弟である.

フェルマ 素数がフェルマ自身により 5 つ発見された. しかもフェルマ 数はすべて 素数 に違いないとフェルマは死ぬまで思い込んでいたそうである.

皮肉なことに彼の見出した 5 つのフェルマ 素数のほかにフェルマ 素数は発見されていない.

ガウス が素数 $p > 2$ について正 $p$ 角形の作図可能ならそれはフェルマ 素数であることを示した.

5 つのフェルマ 素数をまとめて (フェルマ) 素数 5 兄弟と呼ぶ.

似たような美しい性質をもつ素数5兄弟がどこかに居てほしい,できたら自分で発見したいと思っていた.

$P=3$ を底とするフェルマ 素数を定義したら,新しい素数5兄弟がでてきた.これには驚いた.

## 5.3 素因数 $Q$ について $Q-1$ の素因数分解

$m=7$ に出てくる $L_7 = 5895092288869291585760436430706259332839105796137920554548481$ の素因数 $Q$ について $Q_1 = Q-1$ の素因数分解をそれぞれ行う.

$Q_1 = 257 - 1 = 256 = 2^8$.

$Q_1 = 275201 - 1 = 275200 = 2^8 * 5^2 * 43$

$Q_1 = 138424618868737 - 1 = 138424618868736 = 2^{13} * 3 * 2131 * 2643131$

$Q_1 = 3913786281514524929 - 1 = 3913786281514524928 = 2^8 * 31 * 787 * 3919 * 159898891$

$Q_1 = 153849834853910661121 - 1 = 153849834853910661120 = 2^{11} * 3 * 5 * 433 * 19801 * 584118287$.

この見所は $2$ の指数が $m+1=8$ を超えるところである.これらは単なる数値例とはいえ,見事な美しい結果である.

## 5.4 末尾2桁

$L_m, a_m$ の末尾を調べるため,次の数列を導入する.

$h_m = 3^{2^m}, L_m = \frac{1+h_m}{2}, h_{m+1} = h_m^2, K_m = 3^{2^m - 1}$ とおく.

$h_m = 2L_m - 1, (h_m)^2 + 1 = 4L_m^2 - 4L_m + 1$. ゆえに $L_{m+1} = 2L_m^2 - 2L_m + 1$. $a_m = K_m L_m$ に注意して次の表を作る.

表7.6　$P=3$　2桁

| $m$ | $2^m$ | $h_m$ | $H_m$ | $L_m$ | $K_m$ | $a_m$ |
|---|---|---|---|---|---|---|
| 2 | 4 | 81 | 82 | 41 | 27 | 7 |
| 3 | 8 | 61 | 62 | 81 | 87 | 47 |
| 4 | 16 | 21 | 22 | 61 | 7 | 27 |
| 5 | 32 | 41 | 42 | 21 | 47 | 87 |
| 6 | 64 | 81 | 82 | 41 | 27 | 7 |

$6-2=4$ なので周期が 4.

表7.7　$P=3$　3桁

| $m$ | $2^m$ | $h_m$ | $H_m$ | $L_m$ | $K_m$ | $a_m$ |
|---|---|---|---|---|---|---|
| 2 | 4 | 81 | 82 | 41 | 27 | 107 |
| 3 | 8 | 561 | 562 | 281 | 187 | 547 |
| 4 | 16 | 721 | 722 | 361 | 907 | 427 |
| 5 | 32 | 841 | 842 | 921 | 947 | 187 |
| 6 | 64 | 281 | 282 | 641 | 427 | 707 |
| 7 | 128 | 961 | 962 | 481 | 987 | 747 |
| 8 | 256 | 521 | 522 | 761 | 507 | 827 |
| 9 | 512 | 441 | 442 | 721 | 147 | 987 |
| 10 | 1024 | 481 | 482 | 241 | 827 | 307 |
| 11 | 2048 | 361 | 362 | 681 | 787 | 947 |
| 12 | 4096 | 321 | 322 | 161 | 107 | 227 |
| 13 | 8192 | 41 | 42 | 521 | 347 | 787 |
| 14 | 16384 | 681 | 682 | 841 | 227 | 907 |
| 15 | 32768 | 761 | 762 | 881 | 587 | 147 |
| 16 | 65536 | 121 | 122 | 561 | 707 | 627 |
| 17 | 131072 | 641 | 642 | 321 | 547 | 587 |
| 18 | 262144 | 881 | 882 | 441 | 627 | 507 |
| 19 | 524288 | 161 | 162 | 81 | 387 | 347 |
| 20 | 1048576 | 921 | 922 | 961 | 307 | 27 |
| 21 | 2097152 | 241 | 242 | 121 | 747 | 387 |
| 22 | 4194304 | 81 | 82 | 41 | 27 | 107 |

$22-2=20$ が周期なので案外短い.

# 第8章
# 参加者の研究

# 1　高橋君からのチャレンジ問題 解答案

浜田 忠久

## 1.1　やさしい問題

まず，任意の自然数 $a$ に対して，以下が成り立つことを確認しておきます．

$a = 1$ のとき

$$\sigma(a) = 1 \tag{8.1}$$
$$\varphi(a) = 1 \tag{8.2}$$

$a \geq 2$ のとき

$$\sigma(a) \geq a+1 \ (\text{等号成立} \Longleftrightarrow a \text{ が素数}) \tag{8.3}$$
$$\varphi(a) \leq a-1 \ (\text{等号成立} \Longleftrightarrow a \text{ が素数}) \tag{8.4}$$

### 1.1.1　$\sigma(\sigma(a)+1) = a+3$ を満たす $a$ は何か．

まず (8.1) を代入し，$a \neq 1$ を確認しておきます．

次に (8.3) を繰り返し適用し，

$$\sigma(\sigma(a)+1) \geq \sigma(a)+2 \geq a+3$$

が成立します．最左辺と最右辺が等しくなることと，上式のすべての不等号において等号が成り立つことは同値です．

第 2 辺 = 第 3 辺 より $a$ は素数．さらに第 1 辺 = 第 2 辺 より $a+2$ は素数．したがって，

$a$ は双子素数の小さい方になります．

### 1.1.2　$\varphi(2\varphi(a)+3) = 2a$ を満たす $a$ は何か．

まず (8.2) を代入し，$a \neq 1$ を確認しておきます．

次に (8.4) を繰り返し適用し，

$$\varphi(2\varphi(a)+3) \leq 2\varphi(a)+2 \leq 2(a-1)+2 = 2a$$

が成立します. 最左辺と最右辺が等しくなることと, 上式のすべての不等号において等号が成り立つことは同値です.

第 2 辺 = 第 3 辺 より $a$ は素数. さらに第 1 辺 = 第 2 辺 より $2a+1$ は素数. したがって, $a$ はソフィー・ジェルマン素数になります.

### 1.1.3 $\sigma(\sigma(\sigma(a)+3)+1)=a+7$ を満たす $a$ は何か.

まず (8.1) を代入し, $a \neq 1$ を確認しておきます.

次に (8.3) を繰り返し適用し,

$$\sigma(\sigma(\sigma(a)+3)+1) \geq \sigma(\sigma(a)+3)+2 \geq \sigma(a)+6 \geq a+7$$

が成立します. 最左辺と最右辺が等しくなることと, 上式のすべての不等号において等号が成り立つことは同値です.

第 3 辺 = 第 4 辺 より $a$ は素数. さらに第 2 辺 = 第 3 辺 より $a+4$ は素数. さらに第 1 辺 = 第 2 辺 より $a+6$ は素数. したがって, $a$ は $p$, $p+4$, $p+6$ のどれも素数となる三つ子素数の最小のものになります.

### 1.1.4 $\varphi(\varphi(\varphi(\varphi(a)+3)+5)+3)=a+7$ を満たす $a$ は何か.

まず (8.2) を代入し, $a \neq 1$ を確認しておきます.

次に (8.4) を繰り返し適用し,

$$\varphi(\varphi(\varphi(\varphi(a)+3)+5)+3) \leq \varphi(\varphi(\varphi(a)+3)+5)+2 \leq \varphi(\varphi(a)+3)+6$$
$$\leq \varphi(a)+8 \leq a+7$$

が成立します. 最左辺と最右辺が等しくなることと, 上式のすべての不等号において等号が成り立つことは同値です.

第 4 辺 = 第 5 辺 より $a$ は素数. さらに第 3 辺 = 第 4 辺 より $a+2$ は素数. さらに第 2 辺 = 第 3 辺 より $a+6$ は素数. さらに第 1 辺 = 第 2 辺 より $a+8$ は素数. したがって, $a$ は四つ子素数の最小のものになります.

## 1.2 難しい問題

### 1.2.1 $\sigma(\sigma(a)+6n)=2a+6n$ ($n$：は自然数) のとき $a$ は平方数になるか.

$a=2^m$ ($m \geq 0$) とすると, $\sigma(2^m)=2^{m+1}-1$ および (8.3) を適用し,

$$\sigma(\sigma(a)+6n) = \sigma((2^{m+1}-1)+6n) \geq 2^{m+1}+6n = 2a+6n$$

が成り立ち, 等号成立は $2^{m+1}-1+6n$ が素数であることと同値です. ここで $m$ が奇数のときは $2^{m+1}-1+6n$ は 3 の倍数となり, 素数にはなりません. $m$ が偶数のとき, $2^{m+1}-1$ は 6 と互いに素なので, Dirichlet の定理により, $m$ を固定したとき公差 6 の等差数列 $2^{m+1}-1+6n$ には無限に素数があるので, 必ずその $a (=2^m)$ を解とする $n$ が存在します.

$a = 2^m$ $(m \geq 0)$ でない場合については, 条件を絞り込むことは困難です. $1 \leq n \leq 13$, $1 \leq a \leq 10^6$ の範囲で解を探索した結果をつけます.

$$n = 1 \text{ のとき}, a = 1, 2^2, 2^4, 7^2, 2^{10}$$
$$n = 2 \text{ のとき}, a = 1, 2^2, 2^4, 2^6, 2^8, 2^{14}$$
$$n = 3 \text{ のとき}, a = 1, 2^{12}$$
$$n = 4 \text{ のとき}, a = 2^2, 2^6$$
$$n = 5 \text{ のとき}, a = 1, 2^2, 2^4, 2^6, 2^8, 2^{12}, 2^{14}, 2^{16}$$
$$n = 6 \text{ のとき}, a = 1, 2^2, 2^4, 2^6, 2^8, 2^{10}, 2^{14}$$
$$n = 7 \text{ のとき}, a = 1, 2^4, 2^{10}, 2^{12}, 2^{16}$$
$$n = 8 \text{ のとき}, a = 2^4$$
$$n = 9 \text{ のとき}, a = 2^2, 7^2, 2^6, 2^{18}$$
$$n = 10 \text{ のとき}, a = 1, 2^2, 2^8, 2^{18}$$
$$n = 11 \text{ のとき}, a = 1, 2^2, 2^4, 2^6, 2^8, 2^{10}, 2^{14}, 2^{18}$$
$$n = 12 \text{ のとき}, a = 1, 2^2, 2^4, 2^6, 2^{12}, 2^{14}, 2^{16}$$
$$n = 13 \text{ のとき}, a = 1, 2^4, 2^{12}, 2^{16}$$

以上より, $a = 2^m$ $(m \geq 0)$ には $m$ が偶数（$a$ が平方数）のとき必ず $a$ を解とするような $n$ が存在し, $m$ が奇数のときは解がありません. 逆に $n$ を固定して考えると, $a = 2^m$ $(m \geq 0)$ という形の解が存在するとすれば平方数に限るといえます. それ以外の解は $a = 7^2$ だけしか見つかっていません. 平方数以外の解が存在するかについては確認できていません.

## 1.2.2 $\sigma(\varphi(a)+3) = a+3$ を満たす $a$ は何か.

(8.3), (8.4) より, $a$ と $a+2$ が共に素数のとき, 与式は成り立つので, $a$ が双子素数の小さい方であることは十分条件であり, $a$ が素数のときは双子素数の小さい方であることが必要でもあります.

それ以外の解について, 条件を簡潔に記述することはまだできていません. $1 \leq a \leq 10^6$ の範囲で, 素数以外の解は以下のとおりです.

$$
\begin{aligned}
21 &= 3 \times 7 \\
153 &= 3^2 \times 17 \\
309 &= 3 \times 103 \\
2277 &= 3^2 \times 11 \times 23 \\
3325 &= 5^2 \times 7 \times 19 \\
4461 &= 3 \times 1487 \\
6477 &= 3 \times 17 \times 127 \\
12957 &= 3 \times 7 \times 617 \\
29037 &= 3 \times 9679 \\
103677 &= 3 \times 7 \times 4937 \\
126973 &= 7 \times 11 \times 17 \times 97 \\
221181 &= 3 \times 73727
\end{aligned}
$$

## 1.2.3 $\sigma(\sigma(a)) = 8\varphi(\varphi(a))$ を満たす $a$ は何か.

$a = 2^m \ (m \geq 2)$ とすると, $\sigma(2^m) = 2^{m+1} - 1$, $\varphi(2^m) = 2^{m-1}$ および (8.3) を適用し,

$$
\begin{aligned}
\text{左辺} &= \sigma(\sigma((a)) = \sigma(2^{m+1}-1) \geq 2^{m+1} \\
\text{右辺} &= 8\varphi(\varphi(a)) = 8\varphi(2^{m-1}) = 8 \times 2^{m-2} = 2^{m+1}
\end{aligned}
$$

が成り立ち, 第 1 式の等号成立は $2^{m+1} - 1$ が素数であることと同値です. したがって,
$p$ を 7 以上のメルセンヌ素数とすると,

$$
a = \frac{p+1}{2}
$$

であることは十分条件となります. $1 \le a \le 10^6$ の範囲では以下の 6 個です.

$$4 = 2^2,\ 16 = 2^4,\ 64 = 2^6,\ 4096 = 2^{12},\ 65536 = 2^{16},\ 262144 = 2^{18}$$

他にも解は多数あります. $p$ を素数とし,

$$\frac{\sigma(\sigma(p))}{\varphi(\varphi(p))} = \frac{\sigma(p+1)}{\varphi(p-1)} = 8$$

が成り立てば, $p$ は解となります. $10^6$ 以下の素数でこの条件を満たすものは以下の 8 個です.

1511, 40151, 115499, 162007, 175939, 245719, 620831, 737479

その他の合成数で条件を満たすものについて, どのような因数が含まれやすいかを考えてみます. $p$ を素数とし,

$$\frac{\sigma(\sigma(p))}{\varphi(\varphi(p))} = \frac{\sigma(p+1)}{\varphi(p-1)}$$
$$\frac{\sigma(\sigma(p^2))}{\varphi(\varphi(p^2))} = \frac{\sigma(p^2+p+1)}{\varphi(p(p-1))}$$

のおのおのについて, 既約分数にしたときの分母, 分子を素因数分解したものが比較的単純なものになっていれば, そのような $p$ や $p^2$ は因数として含まれやすいといえます. なお, 分子において $2^1 \sim 2^3$ の部分は無視してかまいません. たとえば $p = 2557$ とすると,

$$\frac{\sigma(\sigma(2557))}{\varphi(\varphi(2557))} = \frac{\sigma(2558)}{\varphi(2556)} = \frac{2^8 \times 3 \times 5}{2^3 \times 3 \times 5 \times 7} = \frac{2^5}{7}$$

と, 単純な分数になります. $1 \le a \le 10^6$ の範囲で 2557 を素因数としてもつ解は, 以下の 5 個あります.

$202003 = 79 \times 2557,\ 350309 = 137 \times 2557,\ 692947 = 271 \times 2557$
$846367 = 331 \times 2557,\ 902621 = 353 \times 2557$

また, $p^2 = 19^2$ とすると,

$$\frac{\sigma(\sigma(19^2))}{\varphi(\varphi(19^2))} = \frac{\sigma(19^2 + 19 + 1)}{\varphi(19 \times 18)} = \frac{2^9}{2^2 \times 3^3} = \frac{2^7}{3^3}$$

と, 比較的単純な分数になります. $1 \leq a \leq 10^6$ の範囲で $19^2$ を因数としてもつ解は, 以下の 1 個です.

$$114437 = 19^2 \times 317$$

なお, $p^3$ については,

$$\varphi(\varphi(p^3)) = \varphi(p^2(p-1)) = p(p-1)\varphi(p-1)$$

となり, 分母に $p$ 自身が残ってしまうので, 比較的大きな $p$ について, $p^3$ が素因数として含まれる可能性は極めて低いと考えられます.

　上に述べた他にも, かけ合わせる数の組み合わせによって最終的な分数が単純になる場合があります. たとえば,

$$7^3 + 7^2 + 7 + 1 = 400 = 2^4 \times 5^2$$

となるので, $58591 = 13 \times 4507$ は以下のように計算され, 解となります.

$$\begin{aligned}\frac{\sigma(\sigma(13 \times 4507))}{\varphi(\varphi(13 \times 4507))} &= \frac{\sigma(2 \times 7 \times 2^2 \times 7^2 \times 23)}{\varphi(2^2 \times 3 \times 2 \times 3 \times 751)} = \frac{\sigma(2^3 \times 7^3 \times 23)}{\varphi(2^3 \times 3^2 \times 751)}\\ &= \frac{3 \times 5 \times 2^4 \times 5^2 \times 2^3 \times 3}{2^2 \times 2 \times 3 \times 2 \times 3 \times 5^3} = \frac{2^7 \times 3^2 \times 5^3}{2^4 \times 3^2 \times 5^3} = 2^3\end{aligned}$$

　$1 \leq a \leq 10^6$ の範囲に 52 個の解がありますが, そのうち, $\dfrac{\text{メルセンヌ素数}+1}{2}$ となる

2 のべきが 6 個, 素数が 8 個, 2 のべきでない合成数が 38 個あります. 2 のべきでない合成数のうち, 素因数分解して $p \times q$ の形のものが 36 個, $p^2 \times q$ の形のものが 2 個となっています.

## 1.2.4 $(p-1)^2\sigma(a)=p^2\varphi(a)-(p-1)$ $(p:素数)$ を満たす $a$ は何か.

与式より,

$$(p-1)((p-1)\sigma(a)+1)=p^2\varphi(a) \tag{8.5}$$

したがって, $\varphi(a)$ は $p-1$ の倍数でなければなりません. $a=p^r$ $(r\geq 1)$ とおくと,

$$
\begin{aligned}
(8.5)\text{ の左辺} &= (p-1)((p-1)\frac{p^{r+1}-1}{p-1}+1)\\
&= (p-1)((p^{r+1}-1)+1)\\
&= p^{r+1}(p-1)\\
(8.5)\text{ の右辺} &= p^2\,p^{r-1}(p-1)\\
&= p^{r+1}(p-1)
\end{aligned}
$$

となります. したがって, $a=p^r$ $(r\geq 1)$ は十分条件です.

次に, (8.5) において $a=p^r b$ $(r\geq 1,\ b$ と $p$ は互いに素) とおくと,

$$(p-1)((p-1)\frac{p^{r+1}-1}{p-1}\sigma(b)+1)=p^2\,p^{r-1}(p-1)\,\varphi(b)$$
$$(p-1)((p^{r+1}-1)\sigma(b)+1)=p^{r+1}(p-1)\,\varphi(b)$$
$$(p^{r+1}-1)\sigma(b)+1=p^{r+1}\,\varphi(b)$$

左辺 $\equiv 1 \pmod{p-1}$ なので 右辺 $\equiv 1 \pmod{p-1}$ でなければならないから,

$$\varphi(b)\equiv 1 \pmod{p-1} \tag{8.6}$$

ここで $p$ が奇素数とすると, $p-1$ は偶数なので, (8.6) が成り立つためには $b$ は 1 または 2 でなければなりません. $b=2$ とすると, $a=2p^r$ となり, (8.5) が成り立たないので,
$b=1$ でなければなりません.

以上より, $a$ が $p$ の倍数のときは, $a=p^r$ $(r\geq 1)$ は解となります. $p$ が奇素数のときは他に素因数をもちません. $p=2$ のときは他に素因数をもつ場合があるかどうか, 確認できていません. また, $a$ が $p$ を素因子として含まない解があるかどうかについても, 確認できていません.

## 1.2.5 $2^n\,\varphi^n(a) = a\ (n:$ 自然数$)$ を満たす $a$ は何か.

任意の素数 $p$, 自然数 $r$ に対して, $\varphi(p^r) = p^{r-1}(p-1)$ であり, $p-1$ の素因子は $p$ よりも小さくなるので,

$$\mathrm{ord}_p\,\varphi(p^r) = r - 1 < r = \mathrm{ord}_p\,p^r$$

ここで, $\mathrm{ord}_p\,a$ は $a$ を素因数分解したときの $p$ の指数を表します. したがって, $p^r$ の $\varphi$ をとることを繰り返すたびに, $p$ の指数は $0$ になるまで $1$ ずつ小さくなります.

$a$ が $2$ 以外の素因数をもつと仮定し, その最大素因子を $p$ とおくと, $p$ の指数は $\varphi$ をとることを繰り返すたびに, $0$ になるまで $1$ ずつ小さくなります. よって,

$$\mathrm{ord}_p\,(2^n\,\varphi^n(a)) < \mathrm{ord}_p\,a$$

となり矛盾します. したがって, $a$ は $2$ 以外の素因数をもちません.

$a = 2^m\ (m:$ 自然数$)$ とおくと,

$$\varphi^k(2^m) = \begin{cases} 2^{m-k} & (k \le m) \\ 1 & (k \ge m) \end{cases}$$

したがって, $m \ge n$ のとき, $a = 2^m$ が解となります.


## 1.3 チャレンジ後記

高橋君は飯高先生の連続講座「高校生にも十分わかる新しい数論講義」で, いつもいちばん前の席に座り, 飯高先生の講義に対してしばしば鋭い質問やコメントをしてくれる小学生です. そんな高橋君が考えた問題なので, これは挑戦しなければなるまいと思い, 取り組みはじめました.

「やさしい問題」の 4 題は, $\sigma$ 関数と $\varphi$ 関数の特性を理解するために最適な問題で,「難しい問題」への準備となっています. 本当に, 心にくい問題配置といえます.

「難しい問題」も, いずれも取り組みがいのある問題でした. かなり頭をふりしぼりましたが, 5 問目以外は完全な解明には至りませんでした. 一部コン

ピュータの助けを借りて題意を満たす解の探索を百万 ($= 10^6$) 以下の自然数について行い，いくつかの条件を見いだし，ここまでの結果を得ました．今後，さらに探求を進めていきたいと思いますが，ぜひ読者の皆さまも挑戦していただけたらと思います．

　私は 4 年前から飯高先生の講座に参加させていただいています．小学生から大先輩までが共に学べるのは，数学という学問の醍醐味だと感じます．「あるはずの解」を理詰めで考え続ける楽しみを共有することができる仲間に出会えたことが何よりの喜びです．この講座に集う他の受講者の皆さまと有志の学習会も開催するようになりました．飯高先生も顧問として特別講義をしてくださっています．

　私自身も，大人向けの数学講座や子ども向けの数学を取り入れたワークショップなどの講師をやる機会をいただくようになりました．その受講者の皆さまとも交流の輪が広がり，数学という共通言語を通じて，豊かなネットワークが築かれつつあります．解に至る道は無数に存在し，その中から美しい道にたどり着くアイディアを思いついた瞬間は，至福の時です．この達成感をたくさんの人と語り合うことができるよう，数学の学びのネットワークにつながる仲間を増やしていきたいと思います．

## 2 不等式 $\sigma(a) + \varphi(a) \geq 2a$ の研究

土屋 知人

はじめに.

　自然数 $a > 1$ に対して, ユークリッド関数 $\sigma(a)$, オイラー関数 $\varphi(a)$ は, $a$ の約数 $d_i$ を用いて, $\sigma(a) = \sum_{d_i|a} d_i, a = \sum_{d_i|a} \varphi(d_i)$　（ガウスの公式）[1] となる. さらに,

$$\sigma(d_i) \geq d_i + 1, d_i - 1 \geq \varphi(d_i), \varphi(1) = 1 \tag{8.7}$$

である. ただし, 等号が成り立つのは, $d_i$ が素数に限る.

　$m, n, k$ を整数として, $\sigma(a), \varphi(a), a$ の関係式　$F(a) = n\sigma(a) + m\varphi(a) - ka$ は

$$F(a) = (m + n - k)\varphi(a) + 2n - k + \sum_{d_i|a, d_i \neq a, d_i \neq 1} (nd_i - (k - n)\varphi(d_i)) \tag{8.8}$$

と表せる.

　特に, 2m=2n=k のとき, $F(a) \geq n\sum_{d_i|a, d_i \neq a, d_i \neq 1} 1$ で, $a$ が合成数ならば, $F(a) > 0$ となることが分かる. ここから, 次に命題が成り立つ.
命題.

$$\sigma(a) + \varphi(a) \geq 2a \tag{8.9}$$

　ただし, 等号は $a$ が素数のときに限る.

証明)

　$m = n = 1, k = 2$ なら, $F(a) = \sigma(a) + \varphi(a) - 2a$ だから, (2) より

$$\sigma(a) + \varphi(a) - 2a = \sum_{d_i|a, d_i \neq a, di \neq 1} (d_i - \varphi(d_i))$$

---

[1] 『数学の研究をはじめよう（1）』飯高茂, 現代数学社,2016 年 5 月

となる. もし, $a$ が素数でなければ, $a \neq d_i \neq 1$ となる $d_i$ があって, $d_i - 1 \geq \varphi(d_i)$ であるから,

$$\sigma(a) + \varphi(a) - 2a > 0$$

で, a が素数ならば,

$$\sigma(a) + \varphi(a) - 2a = 0$$

となる. 故に, (3) 式　$\sigma(a) + \varphi(a) \geq 2a$ が成り立つ. ただし, 等号は $a$ が素数の場合である. (おわり)

系.

$$\sigma(a) + \varphi(a) = 2a + 1 \tag{8.10}$$

は, $a = p^2$　($p$ は素数) をもつ.

$$\sigma(a) + \varphi(a) = 2a + 2 \tag{8.11}$$

は, $a = pq$ ($p, q$ は素数) をもつ.

証明)

(4) を満たす a は, (2) より,

$$\sigma(a) + \varphi(a) - 2a = \sum_{d_i | a, d_i \neq a, di \neq 1} (d_i - \varphi(d_i)) = 1$$

従って, $d_i - 1 \geq \varphi(d_i)$ より

$$d_i - \varphi(d_i) = 1$$

となる $a$ の真約数 $d_i$ が一つ存在する. よって, a は 3 つの約数をもつので, 素数 $p$ の 2 乗 ($p^2$) である.

同様に, $a$ の真約数 $d_i, d_j, (d_i \neq d_j)$ に対し,

$$d_i - \varphi(d_i) + d_j - \varphi(d_j) \geq 2 \tag{8.12}$$

である.

一般に,$a = p_1^{e_1} p_2^{e_2} \cdots p_n^{e_n}$, 素数 $p_i \neq p_j$ のとき,$a$ の約数の個数は,$d(a) = (e_1+1)(e_2+1)\cdots(e_n+1)$ で与えられるから,$a$ が真約数を 2 つだけもつ場合は,$a = p_1 p_2$, および $a = p_1^3$ の 2 通りである.

従って (6) の等号が成り立つためには,2 つの真約数が素数でなければならないから,$a = pq$ ($p,q$ は素数) の場合に限り,

$$\sigma(a) + \varphi(a) - 2a = 2$$

が成り立つ.（おわり）

Φ(a) = m となる a.

次に,$\Phi(a) = \sigma(a) + \varphi(a) - 2a$ とおく.$50 \geq m \geq 4$ に対して $\Phi(a) = m$ となる $a$ を求めた.

このとき,$a$ の約数の個数 $d(a)$ は 10 以下となった. そこで, 計算した結果を $d(a)$ 値の順に並べて表[2]に示す. ただし,$d(a) = 4$ の場合は,$a = p_1 p_2, a = p_1^3$,$(p_1, p_2$は素数) の 2 通りあるが,$a = p_1 p_2$ の場合は既に述べたので表から省いた. これをみると,

$$d(a) = 6 \text{ のとき, } a = p_1^2 p_2 \quad \text{および} \quad d(a) = 8 \text{ のとき, } a = p_1 p_2 p_3$$

の場合が多く現われた.

最後に.

本文の作成にあたり,「多摩毎日カルチャー」にて飯高茂先生に課題設定をはじめ,多くのご指導ご助言を頂きましたここに深く謝意を表すものであります.

---

[2] 次ページ

表 8.1　$\Phi(a) = m$ となる $a$ の表

| $m$ | $d=4$<br>$p^3$ | $d=5$<br>$p^4$ | $d=6$<br>$p_1^2 p_2$ | $d=6$<br>$p^5$ | $d=7$<br>$p^6$ |
|---|---|---|---|---|---|
| 3 | $2^3$ | | | | |
| 4 | $3^3$ | | | | |
| 6 | $5^3$ | | | | |
| 7 | | $2^4$ | | | |
| 8 | $7^3$ | | $2^2 3$ | | |
| 9 | | | $3^2 2$ | | |
| 10 | | | $2^2 5$ | | |
| 12 | $11^3$ | | $2^2 7 \quad 3^2 5$ | | |
| 13 | | $3^4$ | $5^2 2$ | | |
| 14 | $13^3$ | | $3^2 7 \quad 5^2 3$ | | |
| 15 | | | | $2^5$ | |
| 16 | | | $2^2 11$ | | |
| 18 | $17^3$ | | $2^2 13 \quad 3^2 11 \quad 5^2 7 \quad 7^2 3$ | | |
| 20 | $19^3$ | | $3^2 13 \quad 7^2 5$ | | |
| 22 | | | $2^2 17 \quad 5^2 11$ | | |
| 24 | $23^3$ | | $2^2 19 \quad 3^2 17 \quad 5^2 13$ | | |
| 25 | | | $11^2 2$ | | |

### 表 8.2　$\Phi(a) = m$ となる $a$ の表

| m | $d=4$ $p^3$ | $d=5$ $p^4$ | $d=6$ $p_1^2 p_2$ | $d=6$ $p^5$ | $d=7$ $p^6$ |
|---|---|---|---|---|---|
| 26 | | $5^4$ | $3^2 19, 7^2 11, 11^2 2$ | | |
| 28 | | | $2^2 23, 5^2 17, 11^2 5, 7^2 13$ | | |
| 29 | | | $13^2 2$ | | |
| 30 | $29^3$ | | $3^2 23, 5^2 19, 11^2 7, 13^2 13$ | | |
| 31 | | | | | $2^6$ |
| 32 | $31^3$ | $13^2 5, 7^2 17$ | | | |
| 34 | | | $2^2 29, 5^2 23, 7^2 19, 13^2 7$ | | |
| 36 | | | $2^2 31, 3^2 29, 11^2 13$ | | |
| 37 | | | $17^2 2$ | | |
| 38 | $37^3$ | | $3^2 31, 7^2 23, 13^2 11, 17^2 3$ | | |
| 40 | | | $5^2 29, 11^2 17, 17^2 5$ | $3^5$ | |
| 41 | | | $19^2 2$ | | |
| 42 | $41^3$ | | $2^2 37, 5^2 31, 11^2 19, 17^2 7, 19^2 3$ | | |
| 44 | $43^3$ | | $3^2 37, 7^2 29, 19^2 5, 13^2 17$ | | |
| 46 | | | $2^2 41, 7^2 31, 11^2 23, 13^2 19, 17^2 11, 19^2 7$ | | |
| 47 | $47^3$ | | $2^2 43, 3^2 41, 5^2 37, 17^2 13$ | | |
| 49 | | | $23^2 2$ | | |
| 50 | | | $3^2 43, 13^2 23, 19^2 11, 23^2 3$ | | |

表8.3　$\Phi(a)=m$ となる $a$ の表

| $m$ | $d=8$<br>$p_1p_2p_3$ | $d=8$<br>$p_1^3p_2$ |
|---|---|---|
| 20 | $2\cdot3\cdot5$ | $2^33$ |
| 24 | $2\cdot3\cdot7$ | |
| 26 | | $2^35$ |
| 28 | $2\cdot5\cdot7$ | |
| 30 | $3\cdot5\cdot7$ | $3^32$ |
| 32 | $2\cdot3\cdot11$ | $2^37$ |
| 36 | $2\cdot3\cdot13, 2\cdot5\cdot11$ | |
| 40 | $2\cdot5\cdot13, 2\cdot7\cdot11$ | |
| 42 | $3\cdot7\cdot11, 3\cdot5\cdot13$ | $3^35$ |
| 44 | $2\cdot3\cdot17, 2\cdot7\cdot13$ | $2^311$ |
| 48 | $2\cdot3\cdot19, 2\cdot5\cdot17$ | |
| 50 | $3\cdot5\cdot17, 5\cdot7\cdot13$ | $2^313, 3^37$ |

# 3　2変数完全数問題

髙嶋 耕司

飯高茂先生は，数論に関する市民向けの講義中，次の等式を板書された．

$$\frac{\sigma(a)}{a} = \frac{b}{\varphi(b)} \tag{8.13}$$

ここで，$\sigma(n)$ はユークリッド関数（自然数 $n$ のすべての約数の和），$\varphi(n)$ はオイラー関数（自然数 $n$ 以下で $n$ と互いに素な自然数の個数）である．自然数 $a$, $b$ がどのようなときに等式 (1) が成り立つかという問題で，後に「2変数完全数問題」と命名された．

　聴講していた筆者は式に美しさを感じた．飯高先生から「$b$ が素数（$\neq 2, 3$）のとき，等式は成り立たないだろう」とのコメントがあったので，まずその証明を考えた．

　定理1　等式 (1) $\sigma(a)/a = b/\varphi(b)$ は，$b$ が素数（$\neq 2, 3$）のとき，成り立たない．

　　証明：
　　　$b = $ 奇素数（$\geq 5$）で，等式 (1) が成り立つと仮定する．
　　　$b$ が奇素数であれば，等式 (1) の右辺は $b/(b-1)$ で，奇数/偶数 の形になる．
　　　等式 (1) が成り立つなら左辺の $a$ は偶数で，$a = 2N$（$N$ は自然数）とおける．
　　　一般に，$N = 2^k * 3^l * 5^m * \cdots$（$k, l, m, \cdots$ は整数（$\geq 0$））と表せる．
　　　このとき，$a = 2N = 2^{k+1} * 3^l * 5^m * \cdots$ となる．
　　　自然数 $x$, $y$ が互いに素なら $\sigma(x*y) = \sigma(x)*\sigma(y)$ という乗法性を利用して，

$$左辺 = \frac{\sigma(a)}{a} = \frac{2^{k+2}-1}{2^{k+1}} * \frac{\frac{3^{l+1}-1}{2}}{3^l} * \frac{\frac{5^{m+1}-1}{4}}{5^m} * \cdots \geq \frac{3}{2}$$

一方，右辺 $= b/(b-1) \leq 5/4$.

$$左辺 = \frac{\sigma(a)}{a} \geq \frac{3}{2} > \frac{5}{4} \geq \frac{b}{b-1} = \frac{b}{\varphi(b)} = 右辺$$

で矛盾するので，$b =$ 奇素数（$\geq 5$）のとき，等式は成り立たない．
（証明終）

次に，自然数 $a$, $b$ がそれぞれ 2 以上 1000 以下の範囲で，等式 (1) の解を調べた．$\sigma(a)/a = b/\varphi(b) = c$ とおき，等式を満たす $c$, $a$, $b$ を表 1 に示す．

表8.4　$\sigma(a)/a = b/\varphi(b) = c$ を満たす $c$, $a$, $b$　　$(2 \leq a \leq 1000,\ 2 \leq b \leq 1000)$

| c | | a | | b | |
|---|---|---|---|---|---|
| 分数表記 | 小数表記 | 値 | 素因数分解 | 値 | 素因数分解の型 |
| 13/4 | 3.25 | 360 | $2^3 * 3^2 * 5$ | 78, 156, ... | $2^k * 3^l * 13^m$ |
| 31/10 | 3.1 | 240 | $2^4 * 3 * 5$ | 186, 372, ... | $2^k * 3^l * 31^m$ |
| | | 600 | $2^3 * 3 * 5^2$ | | |
| 3 | 3 | 120 | $2^3 * 3 * 5$ | 6, 12, ... | $2^k * 3^l$ |
| | | 672 | $2^5 * 3 * 7$ | | |
| 35/12 | 2.9166666... | 864 | $2^5 * 3^3$ | 70, 140, ... | $2^k * 5^l * 7^m$ |
| | | 936 | $2^3 * 3^2 * 13$ | | |
| 65/24 | 2.7083333... | 72 | $2^3 * 3^2$ | 130, 260, ... | $2^k * 5^l * 13^m$ |
| 85/32 | 2.65625 | 384 | $2^7 * 3$ | 170, 340, ... | $2^k * 5^l * 17^m$ |
| 31/12 | 2.5833333... | 48 | $2^4 * 3$ | 310, 620 | $2^k * 5^l * 31^m$ |
| 91/36 | 2.5277777... | 36 | $2^2 * 3^2$ | 182, 364, ... | $2^k * 7^l * 13^m$ |
| 5/2 | 2.5 | 24 | $2^3 * 3$ | 10, 20, ... | $2^k * 5^l$ |
| 7/3 | 2.3333333... | 12 | $2^2 * 3$ | 14, 28, ... | $2^k * 7^l$ |
| | | 234 | $2 * 3^2 * 13$ | | |
| 13/6 | 2.1666666... | 18 | $2 * 3^2$ | 26, 52, ... | $2^k * 13^l$ |
| 2 | 2 | 6 | $2 * 3$ | 2, 4, ... | $2^k$ |
| | | 28 | $2^2 * 7$ | | |
| | | 496 | $2^4 * 31$ | | |
| 255/128 | 1.9921875 | 128 | $2^7$ | 255, 765 | $3^k * 5^l * 17^m$ |
| 31/16 | 1.9375 | 16 | $2^4$ | 465 | $3^k * 5^l * 31^m$ |
| 15/8 | 1.875 | 8 | $2^3$ | 15, 45, ... | $3^k * 5^l$ |
| 7/4 | 1.75 | 4 | $2^2$ | 21, 63, ... | $3^k * 7^l$ |
| 3/2 | 1.5 | 2 | 2 | 3, 9, ... | $3^k$ |

$(k, l, m$ は整数 $\geq 1)$

　表 1 から，$c$ が整数になるのは 2 と 3 の場合があり，$c$ が 2 未満のとき，$a$ は 2 のべき乗の形になることが読み取れる．また，等式 (1) を満たす $b$ は，素因数分解の型が決まれば，各素因子のべきによらないことが予想される．

**定理 2**　等式 (1) の右辺 $b/\varphi(b)$ は，$b$ の素因子のべきによらない．

証明：

$b = p^k * q^l$　（$p$, $q$ は相異なる素数，$k$, $l$ は自然数）の場合を考える．

自然数 $x$, $y$ が互いに素なら $\varphi(x * y) = \varphi(x) * \varphi(y)$ という乗法性を利用して，

$$\varphi(b) = \varphi(p^k * q^l) = \varphi(p^k) * \varphi(q^l) = p^{k-1}(p-1) * q^{l-1}(q-1)$$

$$\frac{b}{\varphi(b)} = \frac{p^k}{p^{k-1}(p-1)} * \frac{q^l}{q^{l-1}(q-1)} = \frac{p}{p-1} * \frac{q}{q-1}$$

となり，$b/\varphi(b)$ は素因子 $p$, $q$ のべき $k$, $l$ に依存しない．

素因子数が 2 の場合を考えたが，素因子数が増減しても同様に議論できる．

よって，$b/\varphi(b)$ は $b$ の素因子のべきによらない．　　　（証明終）

**定理 3**　$b/\varphi(b)$ が整数になるのは 2 と 3 に限られる．

証明：

定理 2 から，$b/\varphi(b)$ は，相異なる (素数)/(素数 − 1) の積の形で表される．

換言すると $\{2, 3/2, 5/4, 7/6, \ldots\}$ の中からいくつかを選んだ積の形となる．

1 つ選んで整数になるのは 2 を選んだ場合で，$b/\varphi(b) = 2$.

2 つ選んで整数になるのは 2 と 3/2 を選んだ場合で，$b/\varphi(b) = 2 * (3/2) = 3$.

3 つ以上を選ぶと，その積は分母に素因子 2 が残り，整数にならない．

よって，$b/\varphi(b)$ の整数値は 2 と 3 に限られる．　　　（証明終）

$\sigma(a)/a = 2$ を満たす $a$ は完全数，$\sigma(a)/a = 3$ を満たす $a$ は 3 倍完全数，とそれぞれ呼ばれる．表 1 に示すように，$a$ が 1000 以下では，完全数は 6，28，496 の 3 種類があり，3 倍完全数は 120，672 の 2 種類がある．$a$ の範囲を 100 万以下にまで広げると，完全数に $8128(= 2^6 * 127)$，3 倍完全数に $523776(= 2^9 * 3 * 11 * 31)$ が新たに現れる．

　$c < 2$ では，2 のべき乗の形をした $a$ が大きくなるほど，$c$ は 2 に近づく．$c < 2$ で式 (1) を満たす最大の $a$ は何だろうか．現在把握している $a$ の 2 のべき乗解を表 2 に示す．

**表 8.5**　$\sigma(a)/a = b/\varphi(b) = c$ を満たす $c, a, b$　$(3/2 \leq c < 2)$

| $c$ | | $a$ | $b$ の最小値 | |
|---|---|---|---|---|
| 分数表記 | 小数表記 | 値 | 値 | 素因数分解 |
| $\frac{4294967295}{2147483648}$ | $1.99999999953\ldots$ | $2^{31}$ | 4294967295 | $3 * 5 * 17 * 257 * 65537$ |
| $131071/65536$ | $1.99998474121\ldots$ | $2^{16}$ | 8589737085 | $3 * 5 * 17 * 257 * 131071$ |
| $65535/32768$ | $1.99996948242\ldots$ | $2^{15}$ | 65535 | $3 * 5 * 17 * 257$ |
| $255/128$ | $1.9921875$ | $2^7$ | 255 | $3 * 5 * 17$ |
| $31/16$ | $1.9375$ | $2^4$ | 465 | $3 * 5 * 31$ |
| $15/8$ | $1.875$ | $2^3$ | 15 | $3 * 5$ |
| $7/4$ | $1.75$ | $2^2$ | 21 | $3 * 7$ |
| $3/2$ | $1.5$ | $2$ | 3 | $3$ |

　$b$ の解は素因子のべきによらないため，表 2 では $b$ の最小値を示した．$a = 2^{31}$ のとき，

$$\frac{\sigma(2^{31})}{2^{31}} = \frac{2^{32}-1}{2^{31}} = \frac{(2^{16}+1)(2^8+1)(2^4+1)(2^2+1)(2+1)(2-1)}{2^{31}}$$

$$= \frac{3*5*17*257*65537}{2^{31}} = \frac{3}{2} * \frac{5}{4} * \frac{17}{16} * \frac{257}{256} * \frac{65537}{65536} = \frac{4294967295}{\varphi(4294967295)}$$

となり，等式 (1) が成立する．$b$ の最小値は，フェルマー数 $F_0 = 3$，$F_1 = 5$，

$F_2 = 17$, $F_3 = 257$, $F_4 = 65537$ の積になっている．ここで，$F_n = 2^{2^n} + 1$ である．

$a = 2^{63}$ のときは，$F_5 = 4294967297$ が $641 * 6700417$ と素因数分解できるため，

$$\frac{\sigma(2^{63})}{2^{63}} = \frac{2^{64}-1}{2^{63}} = \frac{(2^{32}+1)(2^{16}+1)(2^8+1)(2^4+1)(2^2+1)(2+1)(2-1)}{2^{63}}$$

$$= \frac{3*5*17*257*65537*(641*6700417)}{2^{63}}$$

$$= \frac{3}{2} * \frac{5}{4} * \frac{11}{10} * \frac{17}{16} * \frac{257}{256} * \frac{641}{640} * \frac{727}{726} * \frac{17449}{17448} * \frac{65537}{65536} * \frac{6700417}{6700416} * \frac{3^3*5^2*11}{2^{13}}$$

となり，重複なく (素数)/(素数 $-1$) の積になるような $b/\varphi(b)$ を構成できない．

このような事情から，$c < 2$ で式 (1) を満たす最大の $a$ は $2^{31}$ ではないかと考えている．

2変数完全数問題は，見かけは簡素だが，深い内容を含むと感じている．

# 4  新種のスーパーオイラー完全数について

宮本 憲一

スーパーオイラー完全数の新種を発表する.

与えられた $m$ に対し以下のような式を満たす $a$ をスーパーオイラー完全数, $A$ をそのパートナーーいう.（ただし $a > 2$ とする）

$A = \varphi(a) - m + 1$

$2\varphi(A) = a - m$

となるような解 $a$ と $A$ を研究する.

**定理 48. $A$ が偶数のとき $A$ が 2 べきになり $a$ は素数で $a = 2^e + m$ とかける.（ただし $m$ は奇数）**

Proof

$2\varphi(A) - A = a - \varphi(a) - 1 \geq (a-1) - (a-1) = 0$

ここで $A$ は偶数より

$A = 2^e L$ （ただし, $L$ は奇数で $L > 2$）

$2\varphi(2^e L) - 2^e L = 2^e \varphi(L) - 2^e L = 2^e(\varphi(L) - L) < 0$

よって矛盾 したがって、$L = 1$ より $A = 2^e$ よって $A = 2^e$

したがって $a - m = 2\varphi(A) = A = \varphi(a) - m + 1$

$a = \varphi(a) + 1$

$\varphi(a) = a - 1$ より $a$ は素数かつ $a = 2^e + m$

また $m$ は奇数となる.

以下

$a = 2^e + m$ で $m$ に対して $e$ がどの値をとるとき $a$ が素数になるか？

調べる

| $e$ | $a = 2^e - 1$ | $e$ | $a = 2^e + 1$ |
|---|---|---|---|
| 2 | 3 | 1 | 3 |
| 3 | 7 | 2 | 5 |
| 5 | 31 | 4 | 17 |
| 7 | 127 | 8 | 257 |
| 13 | 8191 | 16 | 65537 |
| 17 | 131071 | | |
| 19 | 524287 | | |
| 31 | 2147483647 | | |

| $e$ | $a = 2^e + 3$ | $e$ | $a = 2^e + 5$ |
|---|---|---|---|
| 1 | 5 | 1 | 7 |
| 2 | 7 | 3 | 13 |
| 3 | 11 | 5 | 37 |
| 4 | 19 | 11 | 2053 |
| 6 | 67 | | |
| 7 | 131 | | |
| 12 | 4099 | | |
| 15 | 32771 | | |
| 16 | 65539 | | |
| 18 | 262147 | | |
| 28 | 268435459 | | |
| 30 | 1073741827 | | |

| $e$ | $a = 2^e + 7$ | $e$ | $a = 2^e + 9$ |
|---|---|---|---|
| 2 | 11 | 1 | 11 |
| 4 | 23 | 2 | 13 |
| 6 | 71 | 3 | 17 |
| 8 | 263 | 5 | 41 |
| 10 | 1031 | 6 | 73 |
| 16 | 65543 | 7 | 137 |
| 18 | 262151 | 9 | 521 |
| | | 10 | 1033 |

$A = \varphi(a) - m + 1, a \geq 3$ とすると $\varphi(a)$ は偶数なので
$A$ が奇数なら以下 $m$ は偶数で負のとき調べる.

1.$m = -2$ のとき
$A = \varphi(a) + 3$
$2\varphi(A) = a + 2$
$2\varphi(A) - 2A = a - 2\varphi(a) - 4$
$a$ は偶数より $a = 2^e L$ とすると
$\varphi(A) - A = 2^{e-1}L - \varphi(2^e L) - 2 = 2^{e-1}(L - \varphi(L)) - 2 < 0$
$0 < 2^{e-1}(L - \varphi(L)) < 2$ よって $2^{e-1}(L - \varphi(L)) = 1$.
以上より $e = 1, L - \varphi(L) = 1$ つまり $L$ は素数で $L = q$ とおけば
$a = 2q, A = (q-1) + 3 = q + 2$
$2\varphi(q+2) = 2q + 2$ よって $\varphi(q+2) = q + 1$
したがって $q+2$ は素数で $p = q+2$ とすれば $(p,q)$ は双子素数

| $u$ | $A$ |
|-----|-----|
| 2 | $2^2$ |
| 2*3 | 5 |
| 2*5 | 7 |
| 2*11 | 13 |
| 2*17 | 19 |
| 2*29 | 31 |
| 2*41 | 43 |
| 2*59 | 61 |
| 2*71 | 73 |
| 2*101 | 103 |

2.$m = -4$ のとき、定義式は
$A = \varphi(a) + 5$
$2\varphi(A) = a + 4$
よって $2\varphi(A) - 2A = a - 2\varphi(a) - 6$

この式から $a$ は偶数より

| $a$ | $A$ |
|---|---|
| $2^3$ | $3^2$ |
| $2^2 * 5$ | 13 |
| $2^2 * 7$ | 17 |
| $2^2 * 13$ | 29 |
| $2^2 * 17$ | 37 |
| $2^2 * 19$ | 41 |
| $2^2 * 29$ | 61 |
| $2^2 * 43$ | 89 |
| $2^2 * 47$ | 97 |
| $2^2 * 53$ | 109 |

$a = 2^e L$(ただし $L$ は奇数) とすると,$2\varphi(A) - 2A = 2^e L - 2\varphi(2^e L) - 6$ から

$\varphi(A) - A = 2^{e-1}L - \varphi(2^e L) - 3 < 0$ になるから

$0 < 2^{e-1}(L - \varphi(L)) < 3$ となる.

$e = 1$ のとき $0 < L - \varphi(L) < 3$ より

よって $L - \varphi(L) = 1$ または $L - \varphi(L) = 2$ となる.

ところが $L - \varphi(L) = 2$ ならば $L$ は偶数より矛盾

よって $L - \varphi(L) = 1$ より $L$ は素数

$a = 2L, L$ を素数として、定義式に代入すると

$A = \varphi(2L) + 5 = \varphi(L) + 5 = L - 1 + 5 = L + 4$ より

$2\varphi(L+4) = 2L + 4$ よって $\varphi(L+4) = L + 2$ より $L$ は偶数より矛盾

したがって $e = 1$ でない.

以上より $e = 2, L - \varphi(L) = 1, L$ は素数で $L = q$ と書ける.

ところで $A = \varphi(2^2 q) + 5 = 2(q - 1) + 5 = 2q + 3$

定式に代入すると $2\varphi(2q + 3) = 4q + 4$ より

$\varphi(2q + 3) = 2q + 2$

よって $2q + 3$ は素数、したがって $p = 2q + 3$ とおくと $(q, p = 2q + 3)$ より
スーパー双子素数になる.

紙面に余裕がないのでここで終えるが，同様にすれば $m = -6, -8$ の場合もできる．

演習問題

$m = -16, -32, -64, -128$ のときスーパー双子素数が無数に出現するのを実感せよ．

宮本の予想

$m$ が負の 2 のべきとなるときスパー双子素数が無限の存在する．

高橋君をはじめいつも私を励まして下さった飯高先生に深く謝辞を述べたい．

3. $m = -6$ のとき定義式は

$A = \varphi(a) + 7$

$2\varphi(A) = a + 6$

となりそのとき解 $a$ と $A$ は

| $a$ | $A$ |
|---|---|
| 2 | $2^3$ |
| $2*3$ | $3^2$ |
| $2*3^2$ | 13 |

4. $m = -8$ のとき定義式は

$A = \varphi(a) + 9$

$2\varphi(A) = a + 8$

この式から $a = 2^e L$ と書ける．それを上の式代入すると

| $a$ | $A$ |
|---|---|
| $2^3*3$ | 17 |
| $2^5$ | $5^2$ |
| $2^3*17$ | 73 |
| $2^3*23$ | 97 |
| $2^3*47$ | 193 |
| $2^3*59$ | 241 |
| $2^3*83$ | 337 |
| $2^3*101$ | 409 |
| $2^3*107$ | 433 |
| $2^3*113$ | 457 |
| $2^3*149$ | 601 |
| $2^3*167$ | 673 |
| $2^3*191$ | 769 |
| $2^3*233$ | 937 |

$A = \varphi(2^e L) + 9$

$2\varphi(A) = 2^e L + 8$

よって、$2\varphi(A) - 2A = 2^e L - 2\varphi(2^e L) - 10$ より

$\varphi(A) - A = 2^{e-1}L - \varphi(2^e L) - 5 < 0$ から

$0 < 2^{e-1}L - 2^{e-1}\varphi(L) < 5$

ここで $e = 1$ のとき

$0 < L - \varphi(L) < 5$

よって $L - \varphi(L) = 1$ または $3$

したがって $L$ は素数か $L = 9$ であるが、定義式に代入しても成り立たない.

$0 < 2^{e-1}(L - \varphi(L) < 5$

ここで $e = 2$ のとき $0 < 2(L - \varphi(L)) < 5$ とすると

$L - \varphi(L) = 1$ または $L - \varphi(L) = 2$ となるが、$L$ は奇数より

$L - \varphi(L) = 1$ で $L$ は素数

よって $a = 2^2 L$ となるが、定義式に代入しても成り立たない.

$e = 3$ とすると $0 < 4(L - \varphi(L)) < 5$ より $L = q$ は素数.

よって $a = 2^3 q$ とすると、$A = \varphi(2^3 q) + 9$ は $A = 4\varphi(q) + 9$ よって $A = 4(q-1) + 9$

$A = 4q + 5$ よって $A = p$ とすると $(q, p = 4q + 5)$ なるスーパー双子素数がでてくる.

# 5　平行移動 $m$ のスーパー完全数で　　$m$ が6の倍数のときについて

菊池能乃・堀内陽介（広尾学園高等学校　数論チーム）

## 要旨

　自然数の約数の和を表すユークリッド関数について，完全数の考えを拡張したスーパー完全数にさらに平行移動の概念を導入した平行移動 $m$ のスーパー完全数がある．先行研究として平行移動 $m$ の値を変えて，$m$ が6の倍数のとき解は2の累乗が圧倒的に多いことが発見されている．しかし解 $a$ が $2^e$ 以外のスーパー完全数が現れる条件は分かっていない．本研究では解 $a$ が $2^e$ の形のもののみ研究した．平行移動 $m$ のスーパー完全数において $m$ が6の倍数のとき解 $a$ にどのような特徴があるか調べ，いくつかの結果を得た．研究成果としては，例えば $m$ が30であり $a = 2^{10k}$ のとき $q$ は素数にはならないため，このとき解 $a$ はスーパー完全数とはいえないということが分かった．

## 背景

　完全数の問題は古くから研究されている未解決の難問とされていて，主に約数の和を表すユークリッド関数が研究に使われてきた．先輩方も以前ユークリッド関数について $a = mp$ 問題について研究し，$m = 21$ のときの擬素数解を求めた．また飯高茂氏により平行移動 $m$ のスーパー完全数の定義が提唱され，完全数について豊富な結果が得られるようになった．そこで平行移動 $m$ のスーパー完全数について研究することにした．

## ユークリッド関数 [1]

**定義**：自然数 $a$ の約数の和を $\sigma(a)$ と表したものをユークリッド関数という.

　　例）　$\sigma(6) = 1 + 2 + 3 + 6 = 12$

**性質**：

- $p$ を素数とすると $\sigma(p) = p + 1$
- $\sigma(1) = 1$
- $n > 1$ のとき, $\sigma(n) \geqq n + 1$
- $a, b$ が互いに素のとき $\sigma(ab) = \sigma(a)\sigma(b)$ と表せる（乗法性）
- $q$ を素数とすると $\sigma(q^e) = \dfrac{q^{e+1} - 1}{q - 1}$　（等比数列の和の公式より）

## 完全数 [2]

$\sigma(a) = 2a$ となる $a$ を完全数という. $p = 2^{n+1} - 1$ を素数（メルセンヌ素数）, $a = 2^e p$ とすると $\sigma(a) = \sigma(2^e p) = \sigma(2^e)\sigma(p) = (2^{e+1} - 1)(p + 1) = 2a$ より, $a$ は完全数である. 逆に, $a$ が偶数完全数ならば, $a = 2^e p$ という形をしていることもオイラーによって示されている.

## スーパー完全数 [3]

**定義**：$\sigma(\sigma(a)) = 2a$ を満たす自然数 $a$ をスーパー完全数という.

**定理**：$p = 2^{e+1} - 1$ を素数, $a = 2^e$ とすると $a$ はスーパー完全数である.

**証明**：$p = 2^{e+1} - 1$ を素数, $a = 2^e$ とすると

　　　$\sigma(a) = \sigma(2^e) = 2^{e+1} - 1 = p$ と変形でき,

　　　$\sigma(p) = p + 1 = 2^{e+1} = 2a$ となる.

　　　従って $\sigma(\sigma(a)) = 2a$ となり, $a$ はスーパー完全数である.

## 平行移動 $m$ のスーパー完全数 [3]

**定義**：$\sigma(\sigma(a)) = 2a + m$ を満たす自然数 $a$ を平行移動 $m$ のスーパー完

全数という.

**定理1:** $q = 2^{e+1} - 1 + m$ を素数, $a = 2^e$ とすると $a$ は平行移動 $m$ のスーパー完全数である.

**証明:** $q = 2^{e+1} - 1 + m$ を素数とすると, $\sigma(q) = q + 1$ ……($*$)

また, $a = 2^e$ とすると,

($*$) 左辺は, $q = \sigma(a) + m$ より $\sigma(q) = \sigma(\sigma(a) + m)$ となる.

($*$) 右辺は, $q + 1 = 2a + m$ となる.

従って, $\sigma(\sigma(a) + m) = 2a + m$ となり, $a$ は平行移動 $m$ のスーパー完全数である.

**定理2:** $a = 2^e$ が平行移動 $m$ のスーパー完全数ならば $q = 2^{e+1} - 1 + m$ は素数である.

定理1, 2 より, **$a = 2^e$ が平行移動 $m$ のスーパー完全数**

　　　　**$\iff q = 2^{e+1} - 1 + m$ は素数**

$2^e$ の形の平行移動 $m$ のスーパー完全数と $2^{e+1} - 1 + m$ の形の素数 (擬メルセンヌ素数) は 1 対 1 に対応する.

## 研究テーマ

下の表は $m = 6$ のときと $m = 30$ のときの解のみだが, $m$ が 6 の倍数のとき解 $a$ は圧倒的に 2 の累乗の形が多いことが分かっている. また, $m$ が 6 の倍数のとき解 $a$ が 2 の奇数乗であるものは見つからない. 他にも $m = 18$ のときや $m = 24$ のときに解が非常に少ないことなど, $m$ が 6 の倍数のとき多くの疑問点が見つかった. そこで平行移動 $m$ のスーパー完全数で $m$ が 6 の倍数のときについて研究することにした.

$\sigma(\sigma(a) + m) = 2a + m$, $m = 6$ のときの解 [3]

| $a$ | $a$ 素因数分解 | $q$ | $q$ 素因数分解 |
|---|---|---|---|
| 1 | 1 | 7 | 7 |
| 4 | $2^2$ | 13 | 13 |
| 16 | $2^4$ | 37 | 37 |
| 49 | $7^2$ | 103 | 103 |
| 1024 | $2^{10}$ | 2053 | 2053 |

$$\sigma(\sigma(a)+m)=2a+m,\ m=30 \text{ のときの解}^{[3]}$$

| $a$ | $a$ 素因数分解 | $q$ | $q$ 素因数分解 |
|---|---|---|---|
| 1 | 1 | 31 | 31 |
| 4 | $2^2$ | 37 | 37 |
| 16 | $2^4$ | 61 | 61 |
| 64 | $2^6$ | 157 | 157 |
| 256 | $2^8$ | 541 | 541 |
| 4096 | $2^{12}$ | 8221 | 8221 |
| 16384 | $2^{14}$ | 32797 | 32797 |
| 65536 | $2^{16}$ | 131101 | 131101 |

## 本研究の成果 1

**定理**：$m$ が 6 の倍数，$a = 2^e$ の $e$ が奇数のとき $a$ はスーパー完全数では
ない.

**証明**：$m = 6k$, $a = 2^e$, $e$ が奇数であるとき，

　　　$q = 2^{e+1}-1+6k$ において

　　　$2^{e+1}$ は 3 で割って 1 余るので，$2^{e+1}-1$ は 3 の倍数である

　　　$6k$ も 3 の倍数であるので，$q$ は 3 の倍数となる.

　　　つまり $q$ は素数ではないので，$a = 2^e$ は平行移動 $m$ のスーパー
　　　完全数ではない.

## 本研究の成果 2

**定理**：$m = 30$, $a = 2^{10k}$ とき，$a$ はスーパー完全数ではない.

**証明**：$m = 30$, $a = 2^{10k}$ のとき

$$q = 2^{10k+1}-1+30 = 2^{10k+1}+29 = 2(2^{10k}-1)+31$$

ここで $q$ が素数でないことを確かめる.

$$2^{10k} \equiv (2^5) \equiv 1 \pmod{31}$$

よって $2^{10k}-1$ は常に 31 の倍数である.

つまり $q$ は 31 を約数にもつため，$q$ は素数ではない.

$a$ がスーパー完全数であるとき $q$ は素数である.

したがって，$m = 30$, $a = 2^{10k}$ のとき $a$ はスーパー完全数ではない.

## 今後の展望

$a = 2^{12}$ と $a = 2^{28}$ は $m = 18$ のスーパー完全数の解であることが分かった. このことから, $e \equiv 4 \pmod 8$ の場合, スーパー完全数の可能性があると予想されるので, 今後精査したい. それから, $m$ が 6 の倍数のときの解にはまだ多くの疑問点があるので研究していきたい. また, $m$ の値を 6 の場合に限らず他の値でも調べ, できるだけ一般化したい.

### 参考文献

[1] 数学の研究をはじめよう（Ⅲ）素数の織りなす世界を見てみよう　飯高茂　2017/04/20

[2] 数学の研究をはじめよう（Ⅰ）高校生にもできる新しい数学研究へのいざない　飯高茂　2016/05/26

[3] 数学の研究をはじめよう（Ⅴ）オイラーをモデルに数論研究　飯高茂　2018/07/20

# 6　双子素数予想とスーパー双子素数予想およびチャレンジ問題

梶田 光（小学 5 年生）

## 6.1 双子素数予想

最初に, $x$ までの素数の個数を求める関数を素数計数関数といい, $\pi(x)$ で表す. $x$ が素数であるかどうかを求める関数を考える. この場合, $\pi(x) - \pi(x-1)$ が使用できる. なぜなら, $x$ が素数のとき, 素数計数関数の $x$ での増加量は 1 なので, $\pi(x)$ と $\pi(x-1)$ の差が 1, つまり $\pi(x) - \pi(x-1) = 1$ となるが, $x$ が素数でないとき, 素数計数関数の $x$ での増加量は 0 なので, $\pi(x)$ と $\pi(x-1)$ の差が 0, つまり $\pi(x) - \pi(x-1) = 0$ となる. したがって,

$$\pi(x) - \pi(x-1) = \begin{cases} 1 & (x \in \text{prime}) \\ 0 & \text{otherwise} \end{cases} \qquad (x \in \mathbb{N})$$

前式より, $x+2$ が素数かどうかを求める関数は $\pi(x+2) - \pi(x+1)$ である.

$$\pi(x+2) - \pi(x+1) = \begin{cases} 1 & (x+2 \in \text{prime}) \\ 0 & \text{otherwise} \end{cases} \qquad (x \in \mathbb{N})$$

次に, $x$ が素数かつ $x+2$ が素数である（つまり $x$ が双子素数の弟）かどうかを求める関数は
$(\pi(x) - \pi(x-1))(\pi(x+2) - \pi(x+1))$ である. なぜなら, まず $\pi(x) - \pi(x-1) = a$, $\pi(x+2) - \pi(x+1) = b$, $(\pi(x) - \pi(x-1))(\pi(x+2) - \pi(x+1)) = c$ とおくと, $a \cdot b = c$ である. ここで,

$x$ が素数かつ $x+2$ が素数のとき, $a = 1$, $b = 1$ なので, $c = 1 \cdot 1 = 1$

$x$ が素数かつ $x+2$ が素数でないとき, $a = 1$, $b = 0$ なので, $c = 1 \cdot 0 = 0$

$x$ が素数でない, かつ $x+2$ が素数のとき, $a = 0$, $b = 1$ なので, $c = 0 \cdot 1 = 0$

$x$ と $x+2$ が両方素数でないとき, $a = 0$, $b = 0$ なので, $c = 0 \cdot 0 = 0$　よって,

$$(\pi(x) - \pi(x-1))(\pi(x+2) - \pi(x+1)) = \begin{cases} 1 & (x \in \text{prime} \ \text{and} \ x+2 \in \text{prime}) \\ 0 & \text{otherwise} \end{cases}$$

$$(x \in \mathbb{N})$$

よって, $x$ 以下の双子素数の弟の数は,

$$\sum_{n=2}^{x} (\pi(n) - \pi(n-1))(\pi(n+2) - \pi(n+1)) \tag{8.14}$$

ここで, 双子素数予想は, 双子素数の組は無限にある, つまり前式が発散する事と同値である.

## 6.2 スーパー双子素数予想

(8.14) 式をスーパー双子素数にも応用することができる. ここで, スーパー双子素数とは, T 条件 (高橋条件), つまり $\gcd(a,b) = 1$ かつ $a+b \equiv 1 \pmod{2}$ を満たす $a, b$ について, $p \in$ prime かつ $q = ap + b \in$ prime となるような $p, q$ である. スーパー双子素数予想とは, このような $p, q$ が無限に存在するという予想である. まず, $p$ が素数かどうかは, 前述のように, $\pi(p) - \pi(p-1)$ で計算できる. つぎに, $q = ap + b$ が素数かどうかは, $\pi(ap+b) - \pi(ap+b-1)$ で求められる. よって, $x$ 以下のスーパー双子素数の弟の数は,

$$\sum_{n=2}^{x} (\pi(n) - \pi(n-1))(\pi(an+b) - \pi(an+b-1))$$

ここで, スーパー双子素数予想は, スーパー双子素数の組は無限にある, つまり前式が発散する事と同値である.

## 6.3 チャレンジ問題 やさしい問題

1. $p, q$ は奇素数とする.
   このとき $pq$ は完全数にならないことを証明せよ.

2. $c$ は正の実数とする. $\sigma(n) - c\varphi(n) = 0$ を満たす自然数 $n$ は高々有限個しかないことを証明せよ.

3. $p, q$ は奇素数とし, 方程式 $\sigma(n) = pn + q$ について考える.

   (a) この方程式に A 型解が存在しないことを証明せよ.

   (b) この方程式に D 型解が存在しないことを証明せよ.

(c) この方程式に半素数解が存在しないことを証明せよ.

(d) 奇素数のべき乗かつこの方程式の解になるような自然数が存在しないことを証明せよ.

半素数とは 2 個の奇素数の積のこと.

## 6.4 チャレンジ問題 難しい問題

T 条件（高橋条件），つまり $\gcd(P, m) = 1$ かつ $P + m \equiv 1 \pmod 2$ を満たす整数 $P > 1, m$ について，
$P^e + m$ が素数になる $e$ が必ずあることを示せ.（無限にあるかもしれない）

# 参考文献

[1] 高木貞治, 初等整数論講義第 2 版, 共立出版社, 1971.

[2] C.F.Gauss(カール・フリードリヒ ガウス), ガウス 整数論 (数学史叢書)(高瀬正仁訳), 共立出版社, 1995.

[3] 飯高茂, (雑誌の連載) 数学の研究をはじめよう, 現代数学社, 2013 〜 .

[4] 飯高茂, 『数学の研究をはじめよう (I),(II)』, 現代数学社, 2016.

[5] 飯高茂, 『 数学の研究をはじめよう (III),(IV)』, 現代数学社, 2017.

[6] 飯高茂, 『 数学の研究をはじめよう (V)』, 現代数学社, 2018.

[7] D.Suryanarayana, Super Perfect Numbers. Elem. Math. 24, 16-17, 1969.

[8] Antal Bege and Kinga Fogarasi,Generalized perfect numbers,Acta Univ. Sapientiae, Mathematica, 1, 1 (2009) 73–82.

[9] Farideh Firoozbakht and Maximilian F.Hasler, Variations on Euclid's formula for perfect numbers, J. of integer sequences, vol.13 (2010) article 10.3.1

[10] Paulo Ribenboim ,The story of boys who loved prime numbers, 翻訳 吾郷孝視, 真庭久芳訳, 「 少年と素数の物語 II」, 共立出版, 2011.

[11] 中村 滋, 素数物語: アイディアの饗宴 (岩波科学ライブラリー) 2019.

[12] 飯高茂, オイラー関数と完全数の新しい展開, 日本数学教育学会 高専・大学部会誌 第 22 号 2016.3.

[13] 飯高茂, 完全数の水平展開」飯高 茂, 日本数学教育学会 高専・大学部会誌 第 23 号 2017.3 .

[14] 飯高茂, スーパー完全数の新展開」飯高 茂, 日本数学教育学会 高専・大学部会誌 第 24 号 2018.3.

# あとがき

　本書は現代数学社のシリーズ『数学の研究をはじめよう』の 6 冊目である．

　今回は本書だけで理解できるように書くことにつとめ副題を『素数からはじめる数学研究』とした．

　以前の巻を読み理解している方は今回の VI 巻を読むことでより深い理解ができるであろう．

　Riebenboim [10] p196 に書かれている双子素数の一般化として与えられたスーパー双子素数の条件と高橋洋翔の与えた条件とは少し異なる．[10] では $a+b$ が奇数になるという条件が抜け落ちている．これは数学者ならすぐにわかるケアレスミスに近いことであり，もちろん高橋洋翔の条件の方が正しい．

　このことは双子素数の一般化にはいろいろあるが，スーパー双子素数が数学の世界でまともに扱われなかったことを意味する．スーパー双子素数と真剣に取り組みその個数の定積分による評価式を与えた高橋洋翔の功績はまことに大きいものがある．

　彼が小学 2 年生のころ，夏休みの自由研究で（書泉でのわたくしの講義を聞いてよく知っている）完全数について研究をまとめたいと考えていた．わたくしは間接的に彼の考えを聞いて面白い自由研究ができることを期待した．ところが先生に相談したところ「自由研究というのは，朝顔を育てて観察日記をつけたりしてまとめるものなの」とのことだったそうだ．

　4 年生になると彼のスーパー双子素数についての研究が進んだ．そして，彼は 5 年生の夏休みの自由研究でガウスによる素数の研究をテーマにした．ところでガウスによる素数分布の確率論的研究は 15 歳（1792 年）の頃行われたそうである．

　高橋君はガウスの次に ハーディとリトルウッドの双子素数の個数を定積分で与える研究をインターネットで学んだ. その考えを自分なりに理解してスーパー双子素数の個数の定積分評価式を作り結果をわたくし宛に ipad で送付してきた. これには驚かされた. その内容は驚異的な結果といってよい.

　100 万以下の素数についてスーパー双子素数の個数と彼の評価式の与えた個数評価の値は 1 万分の 1 しか違わない. きわめて精度の高いものだった.

　これは著しい成果であり, 日本数学会の年会で研究成果を発表する価値が十分あると考えた.

　私は日本数学会で小学生がこの結果を発表したらその反響がどうなるか, 頭のなかでシミュレーションしてみた.

　講演は大成功に終わり, プレスを含めて質疑応答の時間になったとしてみよう.

　大新聞の科学担当の記者ならこんな質問をするだろう.

　「小学生のあげた数学の結果が素晴らしいと先生がいうので, そうだろうと思いますが小学生のやったことが本当に正しいか本当に確かめたのですか」

　私はこの想念にとりつかれた. そこで何とかしないといけないと思った. 100 万以下の素数については高橋君がしているので, 時間はかかるが 200 万以下の素数について検証作業をして結果を確認した.

　最終的にはパソコンで 1 日かけて計算を行い 1000 万以下の素数について彼の評価式が精度の高い結果を与えることを確認した.

　2019 年 3 月 19 日東京工業大学を会場に日本数学会年会が開かれ, 私は高橋君と共同で研究発表した. 数学会には会員以外は登壇できない決まりがあり, 会員の私が最初に発表した. 司会者が講演を聴いた数学会の会員の要望を受けて小学生の高橋洋翔に講演をするように促し, 彼は臆することなくスーパー双子素数の個数と評価式について説明した. そのあとで質問がありそれに答えて発表は終わった.

　ガウスの素数分布の研究から 100 年以上たった 1896 年にようやく素数定理が証明された. スーパー双子素数についての素数定理が正確に定式化されその証明が得られる日がいつかは来るだろう.

　ところでわたくしは高橋君に対して研究上の指導はできない, と考えている.

実際「スーパー双子素数の個数を定積分で評価したら」などと示唆したことは
ない.

　定年後の私には数学にさける時間が十分ある. このようなとき数学の天分に
恵まれた小学生 2 人にめぐりあうことができた. 果報者と人はいうであろう.


2019 年 8 月 11 日　都立多摩図書館にて
　　　飯高茂

著者紹介：

# 飯高 茂 (いいたか・しげる)

1942 年　千葉県生まれ，県立千葉高校，東京大学理科 1 類，理学部数学科進学
1961 年　東京大学理学部数学科卒
1967 年　東京大学大学院数物系修士課程数学専攻修了
1985 年　学習院大学理学部教授
2013 年　学習院大学名誉教授
その間 1971-72 年　米国プリンストン高等研究所 (I.A.S.) 研究員
理学博士 (学位論文名：代数多様体の D 次元について)
日本数学会理事，理事長 (学会長にあたる)，監査，日本数学教育学会理事を歴任

数学の研究をはじめよう（VI）

## 素数からはじめる数学研究

2020 年 6 月 23 日　　　初版 1 刷発行

著　　者　　飯高　茂
イラスト　　飯高　順

検印省略

発 行 者　　富田　淳
発 行 所　　株式会社　現代数学社
〒 606-8425 京都市左京区鹿ヶ谷西寺ノ前町 1
TEL 075 (751) 0727　　FAX 075 (744) 0906
https://www.gensu.co.jp/

© Shigeru Iitaka, 2020
Printed in Japan

装　　幀　　中西真一（株式会社 CANVAS）
印刷・製本　　亜細亜印刷株式会社

ISBN 978-4-7687-0535-3